•农民致富关键技术问答丛书•

袖珍西瓜高效益生产关键技术问答

张其安　朱永和　王云平　编著

北京市科学技术协会支持出版

中国林业出版社

本书使用说明

● 本书配有 VCD 光盘，光盘与图书结合，充分发挥图书和视频的各自优势，生动直观，实用性强。

● 光盘中的视频目录一目了然，通过操作很容易切换相应的视频。

● 通过图书目录可检索光盘中相应的视频内容。

● 通过光盘视频目录，可检索光盘视频所讲内容在书中的位置。

图书在版编目（CIP）数据

袖珍西瓜高效益生产关键技术问答/张其安，朱永和，王云平 编著.
- 北京：中国林业出版社，2008.2
（农民致富关键技术问答丛书）
ISBN 978-7-5038-5175-9

Ⅰ.袖…　Ⅱ.张…　Ⅲ.西瓜 - 瓜果园艺 - 问答
Ⅳ.S651-44

中国版本图书馆 CIP 数据核字（2008）第 013428 号

出版：中国林业出版社（100009　北京市西城区刘海胡同 7 号）
网址：http：//www.cfph.com.cn
E-mail：public.bta.net.cn　电话：66184477
发行：新华书店北京发行所
印刷：北京昌平百善印刷厂
版次：2008 年 4 月第 1 版
印次：2008 年 4 月第 1 次
开本：850mm × 1168mm　1/32
定价：12.00 元
（随书赠 VCD 光盘）

前　言

西瓜是一年生蔓性草本植物。果瓤脆嫩，味甜多汁，含有丰富的矿物盐和多种维生素；清热解暑，对治疗肾炎、糖尿病及膀胱炎等疾病有辅助疗效。果皮可腌渍、制蜜饯、果酱和饲料。种子含油量达50%，可榨油、炒食或作糕点配料。西瓜的产量和面积在世界水果中仅次于葡萄、香蕉、柑橘、苹果，居第5位，西瓜又是我国人民传统的夏令水果，占夏季上市水果总量的70%以上。在农业结构的不断调整中，西瓜生产是农民致富奔小康的重要途径之一。随着人们生活水平的提高、家庭小型化以及旅游业的发展，西瓜的市场需求正朝着由大果型向小果型转变，由有籽西瓜向无籽西瓜过渡，由普通型向特色型发展。西瓜市场也由季节性供应（6~8月）向周年供应发展，尤其是节假日已成为高档水果之一。优质、果形小（携带方便）、皮薄（可食率高）、适于周年生产的小西瓜备受瓜农和消费者的欢迎。

我国西瓜上市季节差异较大，季节性过剩和季节性短缺的矛盾同时存在。因此，必须正确把握市场规律，突出特色，找准优势，因地制宜采取措施，向优质化、无公害、多样化、高效益的质量效益型生产发展，走可持续农业发展的道路，促进西瓜产业健康有序的发展，从而使种植者增产增收。

基于以上目的，笔者结合多年的培育经验，收集并总结了各地先进的生产技术和优秀实验成果，以目前市场上较畅销的袖珍西瓜为例，以问答的形式，分析了近几年西瓜市场的价格走势，介绍了袖珍西瓜的生物学特性、优良品种以及不同地域袖珍西瓜的栽培及育苗技术（重在棚室栽培）；针对西瓜常见的生理障害和病虫草害，提出了识别方法和防治措施；最后解决了如何提升西瓜品质，进行正确的采收工作等问题。笔者在本书中的每个关键问题后都附有相应的特别提示，相信能使广大读者和农民朋友从中得到启发和帮助。

由于编著时间紧迫，加之作者水平有限，错误和不当之处在所难免，恳请广大科技工作者和生产者批评指正。

在该书的编写过程中，参阅和引用了许多研究资料和图书，对此向有关作者表示衷心的感谢！

编著者

2008 年 1 月

目 录

前言

1 小西瓜 大市场 高收益

1 袖珍西瓜在我国的栽培情况如何? …………………… (1)
2 袖珍西瓜有哪些品种优势? …………………………… (2)
3 各地培育袖珍西瓜有哪些成功实例? ………………… (4)
4 近年来西瓜的价格走势如何? ………………………… (5)
5 我国西瓜种植有哪些成功的经验? …………………… (5)

2 袖珍西瓜的生物学特征

6 袖珍西瓜有哪些形态特征? …………………………… (8)
7 袖珍西瓜的生育过程分为哪几步? …………………… (12)
8 袖珍西瓜的生长有哪些环境要求? …………………… (14)
9 袖珍西瓜的果实发育有哪几个阶段? ………………… (16)
10 西瓜生长与结果有什么关系? ……………………… (17)

3 名优袖珍西瓜的品种

11 如何购买袖珍西瓜良种? …………………………… (19)
12 名优袖珍西瓜有哪些品种?(视频1) ………… (20)

4 袖珍西瓜育苗技术

13 苗床如何设置?(视频2) ……………………… (24)
14 营养土如何配制?如何消毒?(视频3) ……… (27)

15 西瓜种子如何处理？（视频 4） …………………… (28)
16 西瓜种子如何播种？（视频 5） …………………… (28)
17 怎样对瓜苗进行嫁接换根？（视频 6） ………… (29)
18 夏秋季节如何降温育苗？ ……………………………… (31)
19 苗期如何管理？ ……………………………………………… (32)

5 袖珍西瓜栽培技术

20 如何整地施基肥(1 月中下旬至 2 月中上旬)？（视频 7） ……………………………………………… (36)
21 定植有哪些方法？时期和密度如何确定？（视频 8） ………………………………………………………… (37)
22 定植后需做哪些管理工作？ ………………………… (38)
23 如何对西瓜进行人工辅助授粉？（视频 9） …… (41)
24 西瓜需要哪些微量元素和生长素？ ……………… (42)
25 什么是三膜覆盖栽培技术？（视频 10） ……… (42)
26 三膜覆盖栽培应掌握哪几项关键技术？（视频 11） ………………………………………………………… (43)
27 长江流域地区西瓜早熟栽培的技术要点是什么？ ………………………………………………………… (45)

6 西瓜的生理障害及病虫草害防治

28 袖珍西瓜的生理障害主要表现在哪些方面？……… (51)
29 瓜田杂草是如何产生的？（视频 12） ………… (52)
30 如何进行土壤处理？ …………………………………… (53)
31 套作田如何灭麦茬？ …………………………………… (55)
32 如何防除禾本科杂草？ ……………………………… (55)
33 化学除草应注意哪些事项？ ………………………… (56)
34 如何识别和防治西瓜枯萎病？ …………………… (57)

35 如何识别和防治西瓜蔓枯病？（视频 13） …… (58)
36 如何识别和防治西瓜炭疽病？（视频 14） …… (59)
37 如何识别和防治西瓜白绢病？ …… (60)
38 如何识别和防治西瓜疫病？ …… (61)
39 如何识别和防治西瓜绵腐病？（视频 15） …… (62)
40 如何识别和防治西瓜细菌性角斑病？ …… (62)
41 如何识别和防治西瓜花叶病毒病？（视频 16） …… (63)
42 如何识别和防治埃及列当危害西瓜？ …… (64)
43 如何识别和防治西瓜猝倒病？ …… (64)
44 如何识别和防治西瓜丝核菌立枯病？ …… (65)
45 如何识别和防治西瓜镰刀菌根腐病？ …… (65)
46 如何识别和防治西瓜沤根病？ …… (66)
47 如何识别和防治西瓜斑点病？ …… (67)
48 如何识别和防治西瓜叶枯病？ …… (67)
49 如何识别和防治西瓜黑斑病？ …… (69)
50 如何识别和防治西瓜白粉病？ …… (69)
51 如何识别和防治西瓜褐色腐败病？ …… (70)
52 如何识别和防治西瓜菌核病？ …… (71)
53 如何识别和防治西瓜根结线虫病？ …… (72)
54 如何识别和防治西瓜黏菌病？（视频 17） …… (73)
55 如何识别和防治西瓜绿斑驳花叶病？ …… (73)
56 如何识别和防治西瓜肉质恶变果？ …… (74)
57 瓜蚜如何识别和防治？（视频 18） …… (75)
58 如何识别和防治温室白粉虱？（视频 19） …… (76)
59 如何识别和防治黄足黄（黑）守瓜？（视频 20） …… (77)
60 如何识别和防治瓜绢螟？ …… (78)
61 如何识别和防治葫芦夜蛾？ …… (79)

62 如何识别和防治瓜实蝇? …………………………… (79)
63 如何识别和防治棕榈蓟马? ………………………… (80)
64 如何识别和防治红脊长蝽? ………………………… (80)
65 如何识别和防治朱砂叶螨? ………………………… (81)
66 如何识别和防治黄蓟马? …………………………… (82)
67 如何识别和防治丝大蓟马? ………………………… (83)
68 如何识别和防治色蓟马? …………………………… (84)
69 如何识别和防治黄胸蓟马? ………………………… (85)
70 如何识别和防治黑足黑守瓜? ……………………… (86)
71 如何识别和防治瓜褐蝽? …………………………… (87)
72 如何识别和防治细角瓜蝽? ………………………… (88)
73 如何识别和防治显尾瓜实蝇? ……………………… (88)
74 如何识别和防治南亚寡鬃实蝇? …………………… (89)
75 如何识别和防治苹斑芫菁? ………………………… (90)
76 如何识别和防治南瓜斜斑天牛? …………………… (90)
77 如何识别和防治黄瓜天牛? ………………………… (91)
78 如何识别和防治康氏粉蚧? ………………………… (92)
79 如何识别和防治瓜蔓颅沟饰冠小蠹? ……………… (93)
80 如何识别和防治侧多食跗线螨? …………………… (94)
81 如何识别和防治美洲斑潜蝇? ……………………… (94)

7 袖珍西瓜的采收

82 如何增加袖珍西瓜的甜度? ………………………… (96)
83 西瓜如何催熟? ……………………………………… (97)
84 西瓜的成熟度如何鉴别?(视频 21) ………… (98)
85 西瓜有哪些采收方法?(视频 22) ……………… (99)

参考文献 ……………………………………………… (100)

《袖珍西瓜高效益生产关键技术问答》VCD 光盘视频目录

视频 1　名优袖珍西瓜有哪些品种？(本书第 12 问)
视频 2　苗床如何设置？(本书第 13 问)
视频 3　营养土如何配制？如何消毒？(本书第 14 问)
视频 4　西瓜种子如何处理？(本书第 15 问)
视频 5　西瓜种子如何播种？(本书第 16 问)
视频 6　怎样对瓜苗进行嫁接换根？(本书第 17 问)
视频 7　如何整地施基肥(1 月中下旬～2 月中上旬)？(本书第 20 问)
视频 8　定植有哪些方法？时期和密度如何确定？(本书第 21 问)
视频 9　如何对西瓜进行人工辅助授粉？(本书第 23 问)
视频 10　什么是三膜覆盖栽培技术？(本书第 25 问)
视频 11　三膜覆盖栽培应掌握哪几项关键技术？(本书第 26 问)
视频 12　瓜田杂草是如何产生的？(本书第 29 问)
视频 13　如何识别和防治西瓜蔓枯病？(本书第 35 问)
视频 14　如何识别和防治西瓜炭疽病？(本书第 36 问)
视频 15　如何识别和防治西瓜绵腐病？(本书第 39 问)
视频 16　如何识别和防治西瓜花叶病毒病？(本书第 41 问)
视频 17　如何识别和防治西瓜黏菌病？(本书第 54 问)
视频 18　瓜蚜如何识别和防治？(本书第 57 问)
视频 19　如何识别和防治温室白粉虱？(本书第 58 问)
视频 20　如何识别和防治黄足黄(黑)守瓜？(本书第 59 问)
视频 21　西瓜的成熟度如何鉴别？(本书第 84 问)
视频 22　西瓜有哪些采收方法？(本书第 85 问)

1

小西瓜 大市场 高收益

西瓜被誉为“夏季水果之王”，长期以来一直是我国城乡人民普遍喜食的消暑解渴最佳夏令水果。我国是世界上西瓜种植面积最大的国家。从20世纪90年代中期开始，不少地方发展西瓜生产提出了“稳定面积、提高品质、增加效益”的发展新方针，虽然近年来西瓜生产的总体规模基本不变，但是在品种结构与栽培方式上却有较大幅度的调整，如传统的大宗品种减少了，新、特、优品种增多了。

袖珍西瓜又称迷你西瓜。实际上是一种小果型的西瓜。由于其果实小型、优质、美观，十分适合家庭小型化、冰箱冷藏和礼品的需要。袖珍西瓜单果重1.5~3.0千克，果肉有红、桃红、橙黄、黄等颜色，果型椭圆或圆形，果皮有绿条、黄条、绿肉等颜色。果皮厚0.3~0.5厘米，可食率80%左右，果肉细、纤维少、口感好，比普通的大西瓜档次要高。

1 袖珍西瓜在我国的栽培情况如何？

我国袖珍西瓜生产的历史不长，20世纪90年代中期才开始少量试种。这种西瓜因其果型小、市场供应量少，满足了消费者的两点需求：好吃（皮薄肉厚、甜度高），实用（一顿正好，无须浪费）；省事便利（减少准备时间，利于冷藏储存）等，适合现在小家庭的需求，因而在近几年迅速发展起来。最初袖珍西瓜栽培主要集中在大城市郊区和东部沿海经济发达地区的设施园艺或农业科技示范园内推广，随着东部发达的地区设施园艺的发展，江苏、浙江近几年来的袖珍西瓜生产发展迅猛，生产规模也逐年增加。最典型的是上海市郊区，1998 年开始试种仅几十亩，至 2002 年已扩大发展为 7 万 ~8 万亩。此外，山东、河北、北京郊区、合肥等地也有一定栽培面积。目前袖珍西瓜已经从高档果品逐步向大众化发展。

特别提示

小型（1.5 ~2.0 千克）西瓜首先在日本、我国台湾和香港等地出现。内地近年来也选育出不少优质早熟的小型西瓜，如许勇等选育的京秀，张其安等选育的秀丽、春艳，马长生等选育的袖珍红宝等。据不完全统计，我国小西瓜栽培面积每年在 10 万公顷左右。主要在北京、上海、山东、广东、江苏、浙江、湖北、湖南、海南等地大城市郊区和东部沿海经济发达地区迅速推广。

2 袖珍西瓜有哪些品种优势？

类型新颖、美观优质　袖珍西瓜历史不长，近几年来发展迅速，其主要一个原因就是其类型新颖、美观，符合现在人的消费观念。袖珍西瓜的果型小巧玲珑，与人们所熟悉的夏季食用的西瓜的大果型成明显反差，新颖的类型更吸引人们的注意力。而其美丽的外观则使它一出现便成为高档果品，最初多出现在酒店、宴席之上。因此，人们给各个品种的袖珍小西瓜都起了很好听的名字，如：黑美人、黄小玉、红小玉、秀丽、秀雅、福运来、小兰、甜妞、翠兰、佳玲等。与一般西瓜比起来，它有着非常好的经济效益。

皮薄肉厚、品质优良 袖珍西瓜品种的皮薄、可食率高、果肉细、纤维少、口感好、汁水充足。在夏季是很好的消暑解渴果品。符合大众的口味和喜好，在市场上供应量远远不能满足需求量，有很好的发展前景。

生育期短、早熟高产 袖珍西瓜的生长发育与普通西瓜有所不同。袖珍西瓜种子小，千粒重30.8~37.5克，养分贮藏较少，出土力弱，子叶小，苗期长势较弱，宜采取营养钵育苗，营养土要无菌，细碎、肥足。初期雄花发育不完全，花粉少，雌花子房较小，在保护地特早熟栽培中应进行人工授粉。袖珍西瓜分枝性强，雌花出现早，结果力强，果实发育对植株的营养生长影响不大，结果周期不明显，宜多蔓多果栽培；果重1.5~3千克，果实发育周期短，在22~30℃适温条件下，24天即可成熟；亩产可达到2200~3000千克。产量不比普通西瓜少，而它的价格则比普通西瓜高很多，夏季每千克在1.6~3元，反季节销售则价格更高，有很好的经济效益。

便于冰箱冷藏、携带方便 袖珍西瓜果型小，正好适合小家庭食用，一顿吃完，不浪费。同时也方便携带和冰箱冷藏，因此深受大众喜爱，由于市场供应量远不能满足需求量，价位偏高，与普通西瓜相比，它的发展前景良好。

特别提示

小型西瓜品质好，口感好，携带方便并且产量高，一般50~60吨/公顷。市场上销售价是大西瓜的2~3倍，市场前景十分可观。

3 各地培育袖珍西瓜有哪些成功实例?

山东 山东省昌乐县前泉村西瓜栽培历史悠久，1996 年引进袖珍西瓜品种小兰、特小凤、黑美人等，进行大棚多层覆盖栽培，当年 4 月 18 日开始采收，6 月底拉秧，平均亩产量 3250 千克，连续 4 ~ 5 茬瓜，产量高，效益好。

湖南 湖南双峰县甘棠镇农科教中心 2003 年引进金福、红小玉、黄小玉、小玉红 4 个袖珍型礼品西瓜品种试种成功。甘棠镇潭江、井塘、潭上江 3 个村 36 户种植了 50 余亩。6 月 20 日前，第一批西瓜已全部成熟上市，每亩收入达 1800 余元。潭上江村邹贤宗种瓜 0.8 亩，第一批瓜收入近 2100 元，预计这一季西瓜亩产可达 3000 千克，每亩收入 6000 元以上，效益是普通西瓜的两倍多。

湖南省长沙县和平村于 2001 年 7 月沿 107 国道种植秋季袖珍西瓜 120 多亩，9 月初上市的第一批西瓜在自家门前供不应求，每亩纯收入达 5000 元。第二批西瓜赶上“两节”，购买者络绎不绝，价钱越卖越好，每千克卖到 2 元。有村民说，种 1 亩西瓜，辛苦两个月，可以抵得上外出打工一年的收入，太划得来了。

合肥 2005 年 5 月 24 日，长丰县三十头乡种植的无公害袖珍西瓜陆续成熟，一筐筐袖珍西瓜，翠绿欲滴，大的 2 斤左右，小的不到 1 斤，煞是惹人喜爱。此次上市的西瓜有甜妞、翠兰、佳玲 3 个品种，均由合肥丰乐种业自主研发，在长丰三十头乡试种成功。此前合肥上市的袖珍西瓜均从外地引进。长丰三十头乡 2006 年从丰乐种业引进甜妞等小果型袖珍西瓜 500 亩，产量达 200 万斤以上。

特别提示

近些年，我国从北到南，种植袖珍西瓜的农户越来越多，普遍反映比种植普通西瓜甚至无籽西瓜效益要好得多。一般年份亩产值在4000元以下，好的年份亩产值可达6000元以上。

4 近年来西瓜的价格走势如何？

从年初至春节前后，为西瓜价格的最高时期，5元/千克左右，因为保护地种植成本高；到了3～4月中旬，价格呈逐渐下降的趋势，此时海南西瓜大量上市，且价格在相对较高的水平，4元/千克左右；5月份价格开始较大浮动，原因是大棚早熟西瓜集中上市，加上此时气温并不是很高，消费需求也不大，价格在1.5元/千克，随着西瓜销量的减少，价格继续下跌，进入7～8月份西瓜大量上市，价格又逐渐走低，在0.6元/千克左右。10月份以后的海南西瓜一般都能卖到2元/千克以上。

近几年4～5月份袖珍西瓜市场批发均价在3元/千克以上，在5～6月份上市的早熟西瓜售价普遍偏低的情况下，小型新优品种售价仍较乐观。对于应用无公害规范栽培技术和使用品牌商标的瓜农，生产效益更为乐观。

特别提示

旺季西瓜要提高瓜的品质，淡季西瓜的种植更要向名特优品种发展，以市场为导向，培养消费群体，以满足市场不同消费者的需求。

5 我国西瓜种植有哪些成功的经验？

选择优良品种　如今市民一年四季都会消费西瓜，宾馆、酒店对于早晚季西瓜也有较大数量的需求。种植品种上要选择品质好、抗性强，在本地试栽较好的优质品种。种瓜要瞄准市场动向，调整西瓜的种植结构，选好西瓜的品种。无籽西瓜抗性强，抗病性、耐湿性大大优于有籽西瓜，已经不能种植有籽西瓜的栽培老区种植无籽西瓜却能够成功，种植无籽西瓜生产周期短，效益高，消费量大，符合市场需求，同时便于前后作安排。无籽西瓜含糖量高，抗病性、耐湿性均强，丰产稳产，耐贮运，常温下室内可贮藏1个月，价格高出普通西瓜1/3~1/2，是广大农村脱贫致富、见效快、效益显著的经济作物，具有极大的发展潜力。应注意选育熟性配套、花色多样、品质优良的品种，如黄皮、黄瓤、双色、中小果型、皮薄耐运、含糖量在12%以上等，及特异类型优质新品种，满足消费者的多种需要。

调整种植结构 通常早季瓜销售的情况最好，也最赚钱，晚季瓜其次，中季瓜由于是短时间大量集中上市，竞争激烈，利润最低。6~7月份西瓜销售旺季时，市场的西瓜批发量很少，而从立秋过后，炎热的气温让西瓜再次成为人们热衷的消暑水果。10月份以后的普通西瓜一般都能卖到2元/千克。因此发展迟熟西瓜既有市场，又有利润。利用各种设施如地膜、小拱棚加地膜、大棚、日光温室等实现西瓜的周年生产、周年上市。

近年来新创的温室四棚五膜技术，使西瓜在严寒的冬季也能正常开花结果，大大地提高了西瓜的种植效益。尤其是将西瓜成熟上市期调节到五一节、国庆节及春节期间，经济效益还可进一步提高。

另外，“无公害”西瓜越来越受到欢迎，生产中要少施或不施化肥，多用农家肥，合理使用无药残农药，种植的西瓜无公害，口味好，必然能卖好价钱。同时，进行麦—瓜—稻、麦—瓜—菜、瓜棉间作、果园行间间作或间套作模式可提高种植效益，可使纯收入达到7.5万元/公顷以上。

生产优质西瓜 市场上不缺普通西瓜，需要的是优质西瓜。甜度是西瓜品质的一个重要标准，栽培上要注意肥水的合理供应，以提高西瓜的含糖量。西瓜属典型的喜钾作物，钾能促进瓜秧生长健壮、果实提早成熟，在施肥时，应选用一些含钾量较高的农家肥，如鸡粪、羊粪等，施 45～60 吨/公顷；果实发育后期要减少浇水、收获前 4～5 天停止浇水，可明显提高西瓜含糖量。

特别提示

要提高西瓜种植效益，需在西瓜的选种、土壤培肥、灌溉管理等方面下工夫，种植优质、高产的无公害西瓜。成立相应的协会和专门市场销售组织，提高抗风险能力，获得丰产丰收。

2

袖珍西瓜的生物学特征

西瓜主根深1米以上，根群主要分布在20～30厘米的耕层内，根纤细易断，再生力弱，不耐移植。幼苗茎直立，4～5节后间伸长，5～6叶后匍匐生长，分枝性强，可形成3～4级侧枝。叶互生，有深裂、浅裂和全缘。雌雄异花同株，主茎第3～5节现雄花，5～7节有雌花，开花盛期可出现少数两性花。花冠黄色。子房下位，侧膜胎座。雌雄花均具蜜腺，虫媒花，花清晨开放下午闭合。果实有圆球、卵形、椭圆球、圆筒形等。果面平滑或具棱沟，表皮绿白、绿、深绿、墨绿、黑色，间有细网纹或条带。果肉乳白、淡黄、深黄、淡红、大红等色。肉质分紧肉和沙瓤。种子扁平、卵圆或长卵圆形，平滑或具裂纹。种皮白、浅褐、褐、黑或棕色，单色或杂色。种子千粒重大籽类型100～150克、中籽类型40～60克、小籽类型20～25克。

6 袖珍西瓜有哪些形态特征?

根的形态特征 西瓜的根系分布深而广，可以吸收利用较大容积土壤中的营养和水分，比较耐旱。其主根入土深达80厘米以上，在主根近土表20厘米处形成4～5条一级根，与主根成40°角，在半径约1.5米范围内水平生长，其后再形成二、三级根，形成主要的根群，分布在30～40厘米的耕作层内，在茎节上形成不定根。

根系生长的特点：一是根系发生较早。据安徽省农科院园艺研究所苗期观察结果，出苗后4天主根长9.4厘米，侧根31条；出苗后8天的幼苗主根长12厘米，一级根55条，二级根20条；出苗后15～16天长出1片真叶的幼苗，主根长14厘米，一级根60条，二级根31条。其后各级侧根生长迅速。出苗后约60天，开始坐果时，根系生长达高峰。二是根纤细，易损伤，一旦受损，木栓化程度高，新根发生缓慢。因此，幼苗移植后恢复生长缓慢。三是根系生长需要充分供氧。在土壤通过性良好、氧分压10%时，根的生长旺盛，根系的吸收机能加强；在通气不良的条件下，则抑制根系的生长和吸收机能。故在土壤结构良好，空隙度大，土壤通气性好的条件下根系发达。西瓜的根系生长需要充分供氧，因而根不耐水涝，在植株浸泡于水中的缺氧条件下，根细胞腐烂解体，影响根系的生长和吸收功能，造成生理障碍。因此，在连续阴雨或排水不良时根系生长不良。土质黏重、板结，也影响根系的生长。

茎的形态特征 西瓜茎包括下胚轴和子叶节以上的瓜蔓，革质、蔓性，前期呈直立状，子叶着生的方向较宽，具有6束维管束。蔓的横断面近圆形，具有棱角，10束维管束。茎上有节，节上着生叶片，叶腋间着生苞片、雄花或雌花、卷须和根原始体。根原始体接触土面时发生不定根。

西瓜瓜蔓的特点是前期节间甚短，种苗呈直立状，4～5节以后节间逐渐增长，至坐果期的节间长18～25厘米。另一个特点是分枝能力强，根据品种、长势可以形成4～5级侧枝，造成一个庞大的营养体系。其分枝习性是当植株进入伸蔓期，在主蔓上2、3、4、5节间发生3～5个侧枝，侧枝的长势因着生位置而异，可接近主蔓，在整枝时留作基本子蔓，这是第1次的分枝高峰；当主、侧蔓第2、3雌花开放前后，在雌花节前后各形成3、4个子蔓或孙蔓，这是第2次分枝时期。其后因坐果，植株的生长重心转移为果实的生长，侧枝形成数目减少，长势减弱。直至果实成熟后，植株生长得到恢复，在基部的不定芽及长势较强的枝上重新发生，可以利用它二次坐果。

叶的形态特征 西瓜的子叶为椭圆形。若出苗时温度高，水分充足，则子叶肥厚。子叶的生育状况与维持时间长短是衡量幼苗素质的重要标志。真叶为单叶，互生，由叶柄、叶身组成。有较深的缺刻，成掌状裂叶。

叶片的形状与大小因着生的位置而异。第1片真叶呈矩形，无缺刻，而后随叶位的长高裂片增加，缺刻加深。第4、5片以上真叶具有品种特征，第1片真叶叶面积10平方厘米左右，第5片真叶达30平方厘米，而第15片叶可达250平方厘米，是主要的功能叶。叶片由肉眼可见的稚叶发展成为成长叶需10天，叶片的寿命为30天左右。

叶片的大小和素质与整枝技术有关：在放任生长的情况下，一般叶数很多，叶形较小，叶片较薄，叶色较浅，维护的时间较短；而适当整枝后叶数可明显减少，叶形较大，叶质厚实，叶色深，同化效能高，可以维持较长的时间，并较能抗御病害的侵染。在田间可根据叶柄的长度和叶形指数诊断植株的长势：叶柄较短，叶形指数较小是植株生长健壮的标志；相反，叶柄伸长，叶形指数大，则是徒长的标志。

花的形态特征 西瓜的花为单性花，有雌花、雄花，雌雄同株，部分雌花的小蕊发育成雄蕊而成雌型两性花，花单生，着生在叶腋间。雄花的发生早于雌花，雄花在主蔓第3节叶腋间开始发生，而雌花着生的位置在主蔓5~6节出现第1雌花，雄花萼片5片，花瓣5枚，黄色，基部联合，花药3个，呈扭曲状。雌花柱头宽4~5毫米，先端3裂，雌花柱头和雄花的花药均具蜜腺，靠昆虫传粉。

西瓜的花芽分化较早，在两片子叶充分发育时，第1朵雄花芽就开始分化。当第2片真叶展开时，第1朵雄花分化，此时为性别的决定期。4片真叶期为理想坐果节位的雌花分化期。育苗期间的环境条件，对雌花着生节位及雌雄花的比例有着密切的关系：较低的温度，特别是较低的夜温有利于雌花的形成；在2叶期以前日照时数较短，可促进雌花的发生。充足的营养、适宜的土壤和空气温度可以增加雌花的数目。花的寿命较短，清晨开放，午后闭合，称半日花。无论雌花或雄花，都以当天开放的生活力较强，授粉受精结实率最高。由于其开花早，授粉的时间与雌花结实率有密切的关系，上午9时以后授粉结实率明显降低。授粉时的气候条件影响花粉的生活力，而对柱头的影响较小。两性花多在植株营养生长状况良好时发生，子房较大，易结实，且形成较大果实，对生产商品瓜影响不大。第2朵雌花开放至采瓜约需25天。

果实的形态特征 西瓜的果实由子房发育而成。瓠果由果皮、内果皮和带种子的胎座三部分组成。果皮紧实，由子房壁发育而成，细胞排列紧密，具有比较复杂的结构。最外面为角质层和排列紧密的表皮细胞，下面是配置8~10层细胞的叶绿素带或无色细胞(外果皮)，其内是由几层厚壁木质化的石细胞组成的机械组织。往里是中果皮，即习惯上所称的果皮，由肉质薄壁细胞组成，较紧实，通常无色，含糖量低，一般不可食用。中果皮厚度与栽培条件有关，它与贮运性能密切相关。食用部分为带种子的胎座，主要由大的薄壁细胞组成，细胞间隙大，其间充满汁液。为三心皮、一室的侧膜胎座，着生多数种子。

果实的生长首先是细胞的分裂，细胞数目的增多，而后是细胞的膨大。据测定，开花2周后胎座薄壁细胞直径20~40纳米，而采收期达350~400纳米，增加10倍以上。

种子的形态特征 西瓜种子扁平，长卵圆形，种皮色泽黑色，表面平滑，千粒重仅28克左右。种子的主要成分是脂肪、蛋白质。据测定，种仁含脂肪42.6%，蛋白质37.9%，糖5.33%，灰分3.3%。种子吸水率不高，但吸水进程较快，新收获的种子含水量47%，在30℃温度下干燥2~3小时，降至15%以下；干燥种子吸水2~3小时含水量15%以上，24小时达饱和状态。种子发芽适温25~30℃，最高35℃，最低15℃。新收获的种子发芽适温范围较小，必须在30℃温度下才能发芽。而贮藏一段时间后可在较低温度下发芽。干燥种子耐高温，利用这一特性进行干热处理，可以钝化病毒或杀死病原，达到防病的目的。种子表现为嫌光性，反应部位是种胚，在发芽适温条件下，嫌光性还不能充分显示出来，而在15~20℃温度下充分表现嫌光性。果汁含有抑制种子发芽的物质，越是未成熟的果汁，抑制作用越强。刚采收的种子发芽率不高，是由于种子周围抑制物质所致，经贮藏6个月后抑制物质消失，在第2年播种时不影响发芽率。种子寿命3年。

特别提示

了解袖珍西瓜根、茎、叶、花的形态特征，可以使瓜农更好地把握这类品种瓜的生长特性，进而对其生长环境进行必要的调控，最终提高种植效益。

7 袖珍西瓜的生育过程分为哪几步?

发芽期 种子萌动至子叶平展，苗端形成2~3个稚叶。在25~30℃条件下，需经10天左右。此期主要靠种子贮藏的养分，地上部干重的增长量很少，胚轴是生长中心，根系生长较快。子叶是此期主要光合作用器官，生理活动旺盛。

幼苗期 由第1片真叶露心至5~6叶“团棵期”。在20~

25℃温度下，通常需20天左右，而在15～20℃温度下约需30天，此期又可分为2叶期和团棵期。2叶期是露心至2片真叶开展，此时下胚轴和子叶生长渐止，主茎短缩，苗端具4～5个稚叶、2～3个叶原基，此期植株生长缓慢；团棵期是指2叶展开至具有5～6叶阶段，苗端具8～9个稚叶、2～3个叶原基，此期主要是叶片和茎的增长。

幼苗期地上部干、鲜重及叶面积的增长量小，但生长速度呈指数曲线增长。根系生长加速。侧枝、花芽的分化旺盛。为以后茎叶的生长与开花结果打下良好的基础。

伸蔓期 幼苗团棵至坐果期雌花开放。在20～25℃温度下，经23～25天。节间伸长，植株由直立生长转为匍匐生长，这标志着植株旺盛生长，植株干重增长量迅速增加。茎叶干重分别为地上部干重的23.61%、74.64%，展叶数多，叶面积为最大值的57%，主、侧蔓长度分别为最大值的63.16%、68.96%。由此可见，伸蔓期是茎叶生长的主要时期，以建立强大的营养体。该期生长中心是生长点，主、侧蔓间尚有营养的相互转移。

结果期 此期从坐果节位雌花开放至果实成熟，直至全田采收完毕。主蔓第2、3雌花开放至坐果，在26℃温度下约需4天，此时是由营养生长过渡到生殖生长的转折期，茎叶的增长量和生长速度仍较旺盛，果实的生长刚刚开始，随着果实的膨大，茎叶的生长逐渐减弱，果实为全株的生长中心。果实生长期一般25～28天。

特别提示

西瓜的全生育期约80～85天，其生育过程可以分为发芽期、幼苗期、伸蔓期和结果期。发芽期子叶是主要光合作用器官，生理活动旺盛。幼苗期地上部干、鲜重及叶面积的增长量小，但生长速度呈指数曲线增长。伸蔓期生长中心是生长点，主、侧蔓间尚有营养的相互转移。

8 袖珍西瓜的生长有哪些环境要求？

温度 西瓜生长的适宜温度为18～32℃，耐高温，当40℃时仍能维持一定的同化效能，但不耐低温，所以气温降至15℃时生长缓慢，10℃时停止生长，5℃时地上部受寒害。西瓜根系生长的适温为25～30℃，伸长的最低温度为8～10℃，而根毛发生的最低温度为13～14℃。营养生长可以适应较低的温度，而坐果及果实的生长则需较高温度，茎叶生长的温度低限为10℃，果实生长为15℃。昼夜温差大有利于糖分的积累，使茎叶生长健壮，果实的含糖量提高。

光照 增加日照时间和光照度，可促进侧枝生长，而对主蔓生长影响较小。在较高温度和连续日照下，总叶面积增加，主要是增加叶数，而不是叶形的增大。日照时间对开花、受精的影响是在25℃、光照度32 000勒克斯，日照由14小时增至24小时，每株花数、子房大小、子房内胚珠数，均随日照时数的增加而增加；如日照减至8小时，或光照度由32 000勒克斯减至8000勒克斯，均导致未受精胚珠百分率的增加。较短的日照时数，较弱的光照度，不仅影响西瓜的营养生长，而且影响子房的大小和授粉、受精过程。而光照条件与雌、雄花的比例关系不大。

西瓜对光照条件反应十分敏感。天气晴朗，表现株型紧凑，节间和叶柄较短，蔓粗，叶片大而厚实，叶色浓绿；而连续多雨、光照不足条件下，则表现为节间和叶柄较长，叶形狭长，叶薄而色淡，保护组织不发达，易感病。在坐果期严重影响养分积累和果实生长，含糖量显著下降。

水分 由于地上部具茸毛，叶片裂刻多，可以减少水分的蒸腾。凋萎系数低，苗期为8.1%，伸蔓期为9.9%，表明根系能较好地利用土壤中的水分。西瓜枝叶茂盛，生长迅速，产量高，产品含有大量水分，如水分不足，可影响营养体的生长和果实的膨大。试验表明以土壤持水量60%～80%最为经济。不同生育期有所不同，幼苗期田间持水量为65%，伸蔓期为70%，而果实膨大期应保持75%，否则影响产量。对土壤水分的敏感时期，一是在坐果节位雌花现蕾期，此时如水分不足，雌花蕾小，子房较小，影响坐果；二是在果实膨大期，如土壤水分不足，影响果实膨大，严重影响产量。要求空气干燥，适宜的空气相对湿度为50%～60%。空气潮湿，则西瓜生长瘦弱，坐果率低，品质差，更重要的是诱发病害。空气湿度过低，则影响西瓜的营养生长和花粉萌发。

土壤营养条件 条件最适宜的是土层深厚、排水良好、肥沃的沙壤土。沙土通气好，土壤温度较高，有利于根系的生长。但西瓜对土壤的适应性广，沙土、黏土、酸性红黄壤、沿海盐碱地均可栽培，新垦地病害少，杂草少，可以得到较好的收成。

对土壤营养条件要求：

①需肥量较大；

②增加磷钾肥，避免偏施氮肥，以免引起徒长或降低品质；

③根据不同生育时期和植株生长状态施肥，基肥以磷肥及农家肥为主，苗期以氮肥轻施，伸蔓期适当控制氮肥，坐果以后以速效氮、钾肥为主。

特别提示

西瓜生长最适宜的气候条件是温度较高、日照充足、空气干燥的大陆性气候。西瓜生长的适宜温度为18～32℃，增加日照时间和光照度，可促进侧枝生长，而对主蔓生长影响较小。西瓜的根系不耐水涝，瓜田受淹后根部腐烂，造成全田死亡，因此要选择地势较高的田块种植，并加强清沟排水工作。

9 袖珍西瓜的果实发育有哪几个阶段?

果实的生长过程 西瓜从雌花开放至果实发育成熟需25~28天。在开花后3~4天，果实生长缓慢，主要是细胞的分裂。此时果皮的增长较快，厚度已占成熟期的46%，而胎座增长较慢，其半径仅占成熟期的13%。幼果茸毛脱落后15~18天，果实生长迅速，其体积和干重占成熟期的90%左右，种子基本形成，种皮干重为成熟期的85%，而种胚尚不充实，为成熟期的43.8%。此后果实生长缓慢，果实体积和重量稍增长，其增长量分别为7.18%和11.5%，胎座转色，种子充分成熟，此期主要是种仁的生长和果实内部的生物化学变化。

果实外部的变化 主要是体积和重量的变化。果实的生长主要在前半期，开花后15~18天是果实的膨大阶段。据测定，开花后10天果径达成熟期的60%，15天达85%，日增长量最高为开花后6~7天。而果实体积增长高峰较迟，开花后10天约为成熟期的25%，15天约为60%，20天为80%左右，日增长以开花后12天最高。以后继续增长，但增长量小，速度缓慢。

果实的生长主要是细胞的分裂增殖与细胞的膨大。初期以细胞分裂增加细胞数量为主，而果实的膨大阶段则以细胞膨大为主。果实胎座薄壁细胞较其他组织为大，果径的增大，与胎座细胞增大相吻合，在开花15~18天以后胎座细胞膨大甚微。

果实内部生化变化 西瓜果实的干物质量最初仅为5%，而到成熟时可达10%~11%。果实中的糖主要是果糖、葡萄糖和蔗糖。幼果中出现少量淀粉。总糖在发育的前半期增加较快，其后增加缓慢，至收获期呈减少的趋势，果糖、葡萄糖在发育的前半期增加较快，坐果22天以后增加很少，25天后则明显减少，而蔗糖在发育前半期甚少，开花后22天开始急剧增长。蔗糖的含量高低决定了果实的甜度。果肉中维生素的含量较少，以维生素C和胡萝卜素为主。可食部分维生素C含量为100毫克/千克。果实不同发育阶段的含量，随果实的成熟而增加，开花后15天为21.0~24.6毫克/千克，而开花后20天提高到37.2~41.4毫克/千克。胡萝卜素含量为4.05毫克/千克。含量高低与果肉色泽关系不大。有机酸主要是柠檬酸、苹果酸和甲酸，含量较少。在春季大棚种植时，其果实达7成熟即可采收上市。

特别提示

袖珍西瓜在开花后3~4天，果实生长缓慢，主要是细胞的分裂；开花后15~18天是果实的膨大阶段，果实的生长主要是细胞的分裂增殖与细胞的膨大。瓜果实的主要成分是糖、含氮物质、维生素、无机盐等。果实转熟表现为果肉组织变软，水分增多，含糖量急剧增加，色泽加深等。

10 西瓜生长与结果有什么关系？

植株生长势与坐果的关系　生长势与坐果能力均较强时，在坐果前应控制氮肥的施用，摘除生长势旺的主蔓、扭枝，在坐果节前3~5叶打顶，以抑制植株势，并使用人工辅助授粉，促进坐果。一经坐果，由于植株的生长中心转向果实，就解决了“疯秧”矛盾。当出现“坠秧”时，应及早摘除基部幼果，增施氮肥，促进营养生长，待有一定叶量时再促进结果。

有经验的瓜农常用茎蔓顶端生长的不同状况来鉴别植株生长势的强弱，生长势强的茎蔓顶端不论清晨或中午，均挺立向上；生长势中等的茎蔓顶端只有在清晨向上，而中午的强光、高温下，则平伸或向下；生长势弱的茎蔓顶端不论中午或清晨均不向上而向下。

叶面积与果实生长的关系　叶面积大小、素质、维持时间长短对西瓜果实大小起着决定作用。试验表明，坐果期植株上有约30片功能叶，单株叶面积2000～3000平方厘米，结果盛期有40多片功能叶，叶面积5000～7000平方厘米，可以结成重约5千克的果实。单株叶数多，叶面积大，单果重增加，含糖量提高。叶片分布在近地30～40厘米，叶面积指数较低，结果盛期达最大叶面积时，田间的叶面积指数以1.5～1.8为宜，在一定株数条件下，单株叶数受群体叶面积指数的限制。因此，应适当密植，合理整枝，减少单株叶数，增大叶形，提高叶片素质。保证一定叶面积和合理叶面积指数是增大果形、提高产量的关键。

坐果节位与生长和结果的关系 坐果节位与果形的大小有关，已为广大瓜农熟知。此外，坐果节位可作为衡量植株营养生长与生殖生长关系的重要标志。试验表明：最优坐果节位是15～16节。坐果节位过高，表明营养生长过旺，无谓消耗养分；而坐果节位过低，营养生长差，影响果实的膨大。

特别提示

生长是指蔓叶等营养器官生长，结果是指花器、果实、种子等生殖器官的生长。两者的关系是相辅相成的，既有相互促进的一面，又有相互矛盾和制约的一面。营养生长为结果创造条件，生殖生长以营养生长为基础，这是相互促进的一面。生长与结果矛盾的一面表现为植株生长旺盛，花器发育良好，在正常授粉条件下，仍不能坐果，造成营养生长愈来愈旺的“疯长”现象，而抑制了生殖生长。另一种情况是植株营养生长不良，过早坐果，坐果后进一步抑制营养生长的“坠秧”现象。这种矛盾在坐果期表现最为突出。因此，在栽培上应通过调整植株长势、叶面积、坐果节位以克服矛盾。

3

名优袖珍西瓜的品种

西瓜种植应走向市场化。袖珍西瓜若是种植早熟种，为了抢早上市，应选择圆果形品种，因圆果形比长果形早熟，如红小玉、黄小玉、华晶6号等。地处城市郊区的瓜农，可选择品质极佳的特小凤、早春红玉、金福等品种，这些品种进城销售卖价高。远离大中城市，以瓜贩上门收购为主的地方，应选择黑美人、黑小宝等耐贮运品种。

11 如何购买袖珍西瓜良种?

市场需要 根据当地消费习惯，从果皮颜色、果形、果实大小、种子多少、耐运性等方面选择符合市场要求的品种。

生产需要 根据不同栽培方法(保护地或露地)，选择相应的品种，在生产上还应注意早、中、晚熟品种的配套。

选择优良品种 优良品种是高产优质的基础，一般是易坐果、品质好、果肉红色、耐贮运、抗病、适应性广、产量高的品种。

纯度 种子的纯度是指符合本品种特征特性的种子量占总种子量的百分率，种子纯度越高，其质量越好，西瓜杂交种的纯度最低也应在95%以上。

发芽率 发芽率是衡量质量的一个重要指标，发芽率越高种子质量就越好。普通西瓜种子的发芽率应在98%以上，袖珍西瓜应在95%以上。

净度 净度是指去掉杂质后纯净种子的重量占总种子重量的百分率。西瓜种子的净度应在99%以上。

含水量 西瓜种子贮藏要求的含水量在80%以下，这样有利于保持种子寿命和使用年限。

千粒重 千粒重是指1000粒种子的重量，在种子含水量相同的条件下，千粒重越重，种子越饱满，种子质量就越好。

特别提示

西瓜栽培，选购良种是关键。要综合考虑品种的纯度、发芽率、净度、含水量等方面，并根据市场和生产需要进行选购优良西瓜品种。

12 名优袖珍西瓜有哪些品种？（视频1）

秀丽 由安徽省农科院园艺所育成，极早熟杂交一代种，植株生长健壮，从雌花开放至果实成熟仅需24～26天，果实椭圆形，外皮鲜绿色，覆有细条带15～16条。瓜形周正，不变形，不空心，皮薄有韧性，瓜皮厚度仅为0.2～0.3厘米，瓜瓤深红色，肉质细嫩，含糖量高达13度以上，且中边糖梯度小，风味极佳。单瓜重2～2.5千克，每亩产量3000千克左右。因其瓜型小，外表十分美观，深受现代家庭消费者的欢迎。该品种抗病性强，耐低温，易坐果，适宜保护地早熟栽培。

喜春 由日本进口，极早熟，果实椭圆形，鲜绿色底覆深绿色条纹，外观美丽，单瓜重1.5～2千克，坐瓜后22天左右收获。果肉红色，肉质细脆，多汁爽口，糖度14～15度，中边梯度小，口感绝佳，皮薄而坚韧，厚度仅0.3厘米，但不裂果，耐贮存，商品性极好。低温生长性好，适宜早熟栽培，尤其适合早春保护地栽培。

金冠1号 中国农业科学院蔬菜花卉研究所育成的早熟黄皮西瓜一代杂种。果实高圆形至短椭圆形，皮色金黄，红瓤、汁多、味甜，中心糖度可达12度，品质优良。平均单瓜重2.5千克。皮薄有韧性，而贮运。支架栽培亩产量可达5000千克左右，爬地栽培亩产量约3500千克。适宜保护地和露地栽培。

黑美人 早熟品种，台湾农友公司育成。全生育期85天，从开雌花到成熟为28天左右。果实长椭圆形，皮黑绿色，上有暗条纹，果皮薄，为0.3~0.4厘米，皮坚韧，耐运性强。质地细嫩，不易空心。外形美观。单瓜重一般为2~3千克。肉色深红，肉质细而多汁，含糖量为12度，高的可达14度，靠皮部的果肉与中心部位的果肉同样爽口甜美，即使坐二茬瓜，品质也比较稳定。

该品种适应性强，耐低温，耐弱光，适于冬暖大棚栽培，也可在多雨的夏季栽培，夏栽果实长的比较大。

赐乐铃 特早熟品种，是台湾农友公司新育成的小型西瓜品种。全生育期80天左右。植株生长强健，结果力强，主蔓从第5节左右开第1朵雌花，一般应在第3雌花留瓜。果实短椭圆形，果皮光滑淡绿色，果面有细网纹，并有窄条纹，果实非常美观。单果重一般在3千克左右。肉色深红，肉质细脆，中心含糖量一般为12度，最高14度，皮薄而坚韧，耐运输。适应性广，结果多，果实不易裂，适于大棚早春栽培。

秀玲 早熟品种，台湾农友公司育成。全生育期85天左右，从开雌花到成熟25~28天。果实椭圆形，果皮淡绿色带青黑色条纹，外观优美，单果重一般在2~3千克，含糖量为11度，高的12度。种子花褐色，肉质细嫩多汁，遇水不易变质，二茬果品质稳定，肉色粉红，皮薄而坚韧，适宜在大拱棚和小拱棚栽培。

冠宝 特早熟品种，是台湾农友公司育成的黄皮西瓜品种。在全美园艺新品种大赛中获得优胜奖，震撼西瓜育种界。该品种特别抗病，对白粉病、炭疽病、病毒病的耐病力甚强。结果早，成熟也早，坐果力强，单株结果常在 4 个以上，可采用不整枝、多蔓坐果的形式栽培。单瓜重 2～2.5 千克，含糖量在 12 度以上。肉质细爽多汁，味美。种子小而少，果皮薄而硬，耐运输。本品种在结果期遇阴雨天气，低温光照不足或生长弱时，果皮易发生绿斑，影响外观与品质，应注意播种期和肥水管理。

特小凤 极早熟品种，是台湾农友公司育成的黄瓤品种。全生育期 80 天左右，从开雌花到成熟 25 天左右。主蔓第 4～5 节开第 1 朵雌花，果实高圆形，皮鲜绿色，果面有不规则的黑条纹。果肉晶黄，果皮极薄，果实种子较少。雨水多、温度高时易裂果，应注意少浇水、勤浇水。果实膨大时，温度不能偏高，应掌握在 25～28℃。该品种适于早春大棚栽培，不适宜在夏季多雨季节种植。

小兰 特早熟品种，台湾农友公司育成，是特小凤的改良品种，也是小型黄肉瓜。全生育期 80 天左右，从开雌花到成熟 25 天左右。坐果力强，丰产性好。果实圆球形，皮淡绿带青色窄条纹。单果重 1.5～2 千克。肉质黄色晶莹，很美观。适宜冬暖大棚特早栽培。亩栽 2000 株以上，可作为特需西瓜供应市场。

新金兰 早熟品种，台湾农友公司育成。全生育期 85～90 天，从开雌花到成熟 28～30 天。生长势强，是高产稳产型早熟品种。结果稳定，果皮绿色带青黑宽条纹，果肉黄色晶莹，细嫩多汁，入口即化，品质特优。适于早春大拱棚或双膜覆盖的小拱棚栽培，亩栽 1200～1300 株。

特别提示

除以上品种，安徽农业科学院园艺所研究的培育的夏星和秀雅两个品种也值得推广。夏星抗热性强，植株生长健壮，果实发育期为 24 ~25 天，风味极佳，适宜春夏季露地种植；秀雅为黄瓤品种，熟性极早，抗病性极强。口感好，风味极佳。

4

袖珍西瓜育苗技术

在我国西北地区西瓜生产中，由于早春气温低，春霜冻结束迟，影响西瓜幼苗正常生长，直接影响了西瓜上市的时间，为了合理利用当地光热资源，可在早春时节利用塑料棚提早育苗，躲过春霜冻危害，使西瓜早出苗，早生长，早上市。

13 苗床如何设置？（视频 2）

电热床 利用农用电热线加温床土，可使床土温度均匀、稳定，在一定范围内能按作物幼苗期需要调节床温。地热线与控温仪配套使用可实现床温自动控制。

地热线是电热丝外面包上塑料绝缘层，电热线是发热原件，引出线为普通铜芯电线，基本不发热，接头是连接电热线和引出线的，也要埋入土中。所以不仅要保持电流通畅，还要防水、防漏电。

生产电热线的厂家很多，功率由 400 瓦、800 瓦、1000 瓦到 3200 瓦；长度由 60 米、80 米、100 米到 3200 米。设置电热温床可根据苗床要求的功率密度进行。功率密度是指每平方米苗床应具有的功率数，一般每平方米需 80 瓦功率，如果苗床面积为 10

平方米，则采用800瓦功率的电热线。电热线的长度为100米时，在2米宽、5米长的床面布线，计算电热线往返次数应该是：（线长－床宽）÷床长＝（100－2）÷5＝20次，铺线的距离＝床宽÷（往返次数＋1）＝200÷（20＋1）＝9.5厘米。考虑到床的两边温度比中间低，所以铺线时两边密一些，中间稀一些，使土温均匀。

在保护地中设置电热温床，应选光照、温度最佳部位，在中柱前做东西延长的床，宽2米，长5米，取土作埂，踩实切齐，床面低于埂10厘米，耙平床面，在两端钉木桩即可铺线。铺线由3人操作，一人持线往返于床的两端放线，两端各有一人将电热线挂在木桩上，贴床面拉紧，严防交叉打结。为了使电热线的两个引出线处于苗床的同一端，铺线时使往返次数为双数。铺完线立即通电检查，电路畅通即可使用。

为了避免人工控制温度容易出现误差，最好应用控温仪，以便根据育苗要求的温度自动调节土壤温度。控温仪有不同的型号，常用的有上海农业机械研究所生产的WKO-1型控温仪，外壳全塑，防潮绝缘，小巧轻便，每台负载800瓦电热线3根。

只做一个苗床可采用单线连接，两根以上使用时只能并联，不可串联。见图4-1。

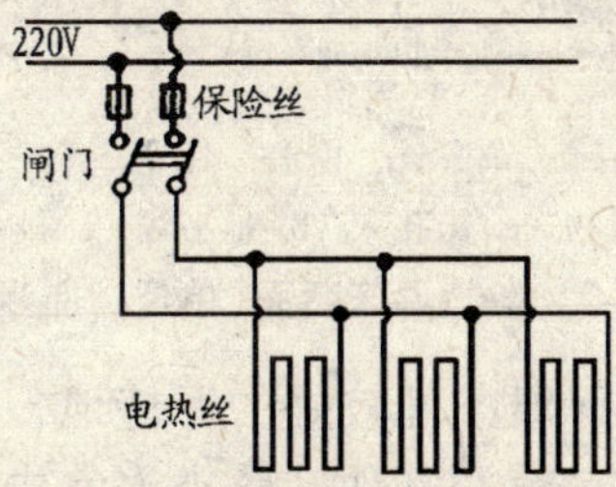

图4-1 电热温床单相接线示意

酿热温床 在床底铺放酿热物，在酿热物发酵过程中缓慢释放热量，来提高床温。

酿热物的种类很多，新鲜畜禽粪、树叶、杂草都可发酵产生热量，其中畜禽粪发热快，温度高，杂草、落叶发酵慢，热量小，但持续时间长，两者混合使用效果好。

在日光温室、大棚中设置酿热温床，应挖2米宽、5～10米长的床坑，深25厘米，床框踩实切齐，床底耙平，先在床底铺5厘米厚的杂草或落叶，浇透水，上面铺10厘米厚新鲜畜禽粪，踩实，床面扣塑料小拱棚。为了促进迅速发酵，最好浇80℃以上的热水，水量以踩时畜禽粪表面刚见水为准。一般5～7天酿热物发酵，温度超过30℃，揭开小拱棚，普遍踩一遍，铺10厘米厚床土，即可播种。铺床土前必须把畜禽粪耧平，才能保持床土薄厚一致，土温均匀。这种温床土温达到20℃可保持1个月，随着酿热物发热力的下降，温室的温光条件已经有所改善，完全可满足西瓜幼苗正常生长的要求(见图4-2)。

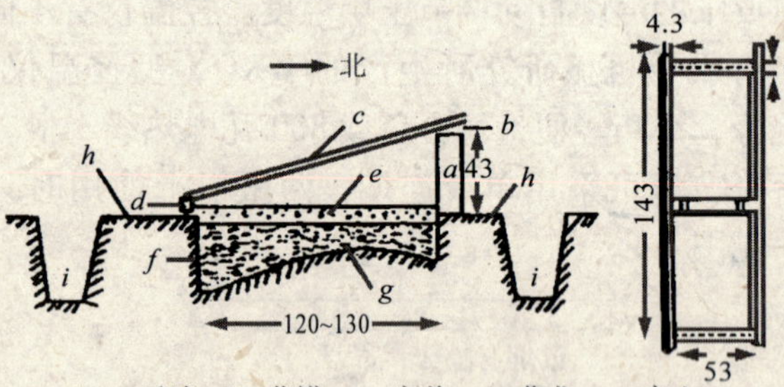

a. 后墙　b. 草辫　c. 窗盖　d. 草垄　e. 床土
f. 酿热物　g. 床孔床　b. 地平线　i. 排水沟

图4-2　酿热温床断面(单位：厘米)

架床　在采光、保温条件较好的保持地，如日光温室中临时搭起架床，以韭菜、芹菜及其他叶菜类温室中应用比较适宜。利用温光条件最佳部位，搭起宽70～80厘米的架床，床架用木杆，床框用木板或细竹竿等，床底铺竹竿，覆旧塑料薄膜扎些孔，以防存水沤根，上面铺10厘米床土。

特别提示

电热温床制作简单，使用方便，土温稳定、均匀，但是必须有电源才能使用。在采光、保温条件较好的保持地，如日光温室中临时搭起架床，以韭菜、芹菜及其他叶菜类温室中应用比较适宜。

14 营养土如何配制？如何消毒？（视频 3）

营养土配制 最好用中性的大田土，加入 40% 的优质有机肥、充分发酵的温床酿热物、沤制好的堆肥、大粪干、鸡粪、猪粪、牛羊粪，土壤较黏重时可掺入细沙。配制时要用不同目的筛子筛过，掺和均匀。

营养土消毒 常用的方法有：

①福尔马林消毒 用0.5%的福尔马林喷洒拌匀后堆置，用塑料薄膜密封 5～7 天，揭开薄膜，散尽药味即可使用。

②代森锌消毒 用65%可湿性代森锌粉剂，每立方米 40 克，和营养土混合均匀，用塑料薄膜覆盖 2～3 天，撤掉薄膜，待药味挥发后使用。

③氯化苦消毒 把营养土堆成 30 厘米高的土堆，堆长和宽根据营养土的体积和塑料薄膜规格，以覆盖严为原则。在堆上每隔 30 厘米开一方孔，孔深 10～15 厘米，孔中注入氯化苦 5 毫升，立即堵严，经 7～10 天，撤下薄膜，充分翻动，散去药味，再过 7～10 天即可使用。氯化苦消毒除防病外，还有防治地下害虫的效果。但氯化苦对人体有害，施用时应注意安全。

④溴甲烷消毒 把营养土堆 30 厘米厚，整平，上面放脸盆，内放一小钵溴甲烷，每平方米用溴甲烷 100～150 克，盖上小拱棚密闭 10 天，撤下小拱棚充分翻匀，过 2～3 天即可使用。这种方

法对防治土壤病害、线虫、烟草花叶病毒有效果。

特别提示

营养土是为了满足西瓜苗期生长发育对土壤矿质营养和水分的需求而特意配制的。培养土要求疏松透气，保水保肥力强，富含各种养分，无病虫害。一般用田土和有机肥料配制。

15 西瓜种子如何处理？（视频 4）

播种量 一般根据种子千粒重、出苗率、成苗率可算出，每亩大田用种量为 30 克左右，即 30 克种子可培育 1 亩大田用苗。

浸种消毒 用 70℃的水盛在容器内，把种子放入水中充分搅拌，待水温降至 30℃左右时，用清水漂洗，搓掉种皮上的黏液，再浸泡 8 小时。

这种消毒方法叫做温汤浸种，在生产上普遍应用。没有温度计时，可用两份开水和 1 份凉水混合，水温大体为 70℃。

催芽 浸种后捞出晾干种子表面附水，放在清洁的小盆或大碗中，底部垫 2～3 层湿布，把种子平摊在湿布上，厚度 2～3 厘米，上面再盖上 2～3 层湿布，放在 25～30℃处催芽。每天检查并用清水投洗，在催芽过程中避免存水。经 36～48 小时胚根露出种皮，即可播种。

特别提示

多数名优西瓜属杂交一代，需要年年人工去雄授粉杂交制种，且产种低，因此种子成本高，故应尽量节省用种量。

16 西瓜种子如何播种？（视频 5）

刚露出胚根的种子，到子叶充分展开，直至第 1 片真叶出现，属于自养阶段，靠种子贮藏的养分生长，所以这一阶段只要满足温度、水分条件就能生长，光照充足则子叶肥大，颜色浓绿而不徒长。因此用沙箱播种效果最好。取清洁的河沙，过筛后装入木箱 8～10 厘米厚，浇透水，放在温床中，把种子均匀撒在细沙土上，覆盖 2 厘米厚细沙，浇水后，床面扣小拱棚，保持白天 25～30℃，夜间 15～20℃，4 天后两片子叶即可展开。

特别提示

利用沙箱播种，水浇多了存不住，缺水细沙表面可立即表现出来，当表面干到 1 厘米时再补。细沙中的含水量适宜，透气性好，只要温度适宜，可生长迅速而整齐，根系发育好，对嫁接非常有利。

17 怎样对瓜苗进行嫁接换根？（视频 6）

嫁接换根又称嫁接育苗，育苗用的砧木有扁蒲、瓠砧 1 号、丁砧 1 号等。

靠接 是最普遍的嫁接方法。接穗较砧木提前 5～7 天播种，第 1 片真叶出现时为嫁接适期。在嫁接前 2～3 天停止浇水，使幼苗下胚轴粗壮，便于操作。

将砧木、接穗由沙箱中取出一部分，抖掉根系附着的细沙，分别放在一边，上面盖湿纱布。先取砧木苗用刀片挖掉真叶，在子叶下 0.5 厘米处由上向下斜切一刀，切口深达下胚轴的 1/2，长 0.5～0.7 厘米，呈 35°角，再取接穗在子叶下 1.2～1.5 厘米处向上切一刀，切口与砧木相等，将接穗与砧木两切口相嵌，用嫁接夹夹住，再包上薄膜条用曲别针固定。为了提高成活率，随接随栽。熟练者每人每天可嫁接 400～500 株（按 8 小时计算）。

在进行嫁接前准备好容器，装上营养土。容器种类很多，有塑料钵、纸袋、用旧薄膜制作的薄膜筒，规格以 8 厘米 ×8 厘米为宜。嫁接后，把苗栽入容器中，浇足水，摆放到温床中，摆满一床，床面扣小拱棚。

插接 砧木比接穗提前 3～5 天播种，当砧木的真叶刚出现，接穗两片子叶半开为嫁接适期。先取砧木苗，用刀片挖掉心叶，再用竹签在生长点与子叶中脉交界处，与子叶成 75°角扎入切割一侧内茎，取接穗用刀片在子叶下 1～1.5 厘米处，与茎成 25°角切削接穗，切口长 0.5～0.7 厘米，将扎入砧木的竹签拔出，立即将接穗斜面朝下插入砧木孔内，夹上嫁接夹。与靠接采取相同的方法栽入容器中，摆到温床内。见图 4-3、图 4-4。

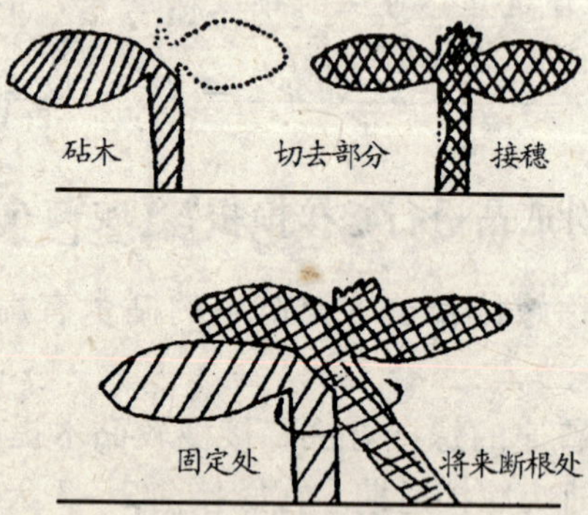

图 4-3 靠接示意

摆到温床中的嫁接苗，白天保持 25～30℃，夜间保持 18～20℃，1 周时间白天保持 25℃左右，夜间 15℃左右。注意防止白天高温和夜间低温的影响。

在扣小拱棚密闭的条件下，温床内空气相对湿度达到 95% 以上，甚至达到饱和状态。封闭 3 天后开始通风，每天早晚各一次，逐渐适当增加通风时间，降温排湿。直到嫁接苗已经成活再撤掉

图 4-4 插接示意

1. 接穗 2. 砧木

小拱棚。

嫁接苗前 3 天必须在小拱棚上覆盖草帘或纸被遮光，以防阳光直射温度过高，降低空气湿度引起萎蔫，不利于伤口愈合。第 4 天开始早晚给以弱光，每次 1 小时左右，以后逐渐延长光照时间，1 周后不再遮光，但中午温床内温度超过 30℃以上仍需遮光。直到成活后才完全不遮光。

特别提示

西瓜嫁接换根后，不但有效地防止了枯萎病发生，还可提高耐低温能力，增强抗逆性表现。在砧木种子与西瓜种子发芽率相同的情况下，砧木种子粒数与西瓜种子数相同。也要采用沙箱播种。不同的嫁接方法，砧木的播种期有所区别。

18 夏秋季节如何降温育苗?

秋西瓜栽培，其育苗期正处于夏季或早秋高温季节，尤其是长江流域地区，不仅高温还常多雨高湿，因此要在苗床上方加降温和防雨覆盖物，降温材料常用遮阳网，防雨材料常用塑料薄膜。无雨天气可将薄膜揭去，中午高温时期覆盖遮阳网，以防强光直射晒伤秧苗。同时要注意防杀地下害虫。

19 苗期如何管理?

温度调节 西瓜幼苗期温度越高，雌花分化节位也相应提高，而较低的温度可以提早雌花的分化，雌花着生节位低。夜间温度对第 1 雌花出现的影响更大，据试验：日温 20.6℃，夜温 13.5℃，第 1 雌花出现于 9.3 节，20 节内雌雄花比为 1∶2.75；夜温 16.2℃，第 10 节出现雌花，20 节内雌雄花比为 1∶3.31；日温 27.4℃，夜温 17.9℃，第 1 雌花出现节位为 10.5 节，雌雄花比例为 1∶4.33；夜温 22.3℃，第 1 雌花出现于 19.3 节，雌雄花比例为1∶10.43。

温度对花蕾的发育，在较高温度条件下不论雌花蕾、雄花蕾发育均较快，在 10℃时需 28 天，12℃时只需 21～22 天。

西瓜苗嫁接成活后，白天保持 20～25℃，夜间 15～22℃，揭苫前保持 13℃以上。定植前 3～5 天，夜间最低温度降到 10℃左右。

光照调节 据现有的试验，西瓜苗期处于短日照条件下有利于雌花的形成，雌花节位下降，雌花数增加。在两片子叶展开 25 天，每天给予 8 小时日照处理，主蔓上第 1 雌花由 15.5 节下降至 8.5 节。经过短日照组处理的植株，子蔓上雌花占 82%，而对照组雌花仅 72%。

对不同苗龄的西瓜幼苗进行 8 小时光照处理，结果表明，西瓜花芽分化对日照长短的反应不敏感，日照长短对雌花着生节位有一定的影响，即短日照促进雌花的形成，但这种影响只有在 2 叶期才有较明显的差异。

综上所述，日照长短对西瓜雌花形成的影响较小。而栽培不像黄瓜那样要求提早采收，西瓜产品要达到生理熟度才能采收，每株只留 1 个果实，第 1 雌花结的果小，即使坐住果也要摘除。西瓜又是典型的需光作物，短日照条件下对秧苗生长不利，所以不但没有必要进行短日照处理，还要千方百计增加光照强度。

育苗期间每天揭苫后要清洁屋面薄膜，争取多透进阳光，最好在苗床北侧张挂反光幕，提高苗床光照强度，促进秧苗健壮生长。

水分调节 空气湿度和土壤水分对西瓜的花芽分化也有影响。较高的空气湿度可使花芽的形成早而多，有利于雌花的形成。适宜的土壤水分条件对花芽分化和雌花的形成也是有利的。土壤水分不足有促进雄花分化和形成的作用，水分过多引起秧苗徒长，必然推迟花芽分化和雌花形成。

在日光温室内育苗，空气湿度比较高，对花芽分化和雌花形成有利。但是湿度过大容易引起生理障碍，发生病害，所以注意放风，降低空气湿度是必要的，特别是苗床浇水后更要加强放风。

利用容器栽苗需经常观察幼苗长势进行浇水，每次浇水都应采取普遍喷水和单浇水相结合，对长势弱、幼苗矮小的应多浇水。浇水应选阴天刚过、好天气刚开始时并在上午进行。苗床北侧张挂反光幕，这样光照强，温度高，水分蒸发快，除加强放风调节温度外，需水量也增多，应及时补充水分。

扩大营养面积和除萌蘖 幼苗真叶 2～3 片充分展开以后，对苗床进行一次调整，把嫁接未成活的、没有培养前途的苗剔除，其余重新摆放，把比较小的苗放在温光较好部位，多浇些水促进其迅速生长，比较大的苗放到温光条件较差部位，少浇水。同时容器间的距离适当扩大，争取秧苗全株见光。

嫁接成活后，砧木容易发生萌蘖，应全部摘除，以免影响秧苗正常生长。

培育壮苗 在温、光、水、肥、气体条件适宜的情况下，嫁接成活后40天左右长出4~5片叶。砧木和接穗的子叶完好无损，肥厚色浓，真叶颜色浓绿而有光泽，节间短粗，根系发达而色白，花器官分化发育正常，无病虫危害。这种秧苗厚角组织和木质部发达，组织结构紧密而坚韧，茎叶挺拔，体内含干物质多，水分较少，含碳水化合物多，细胞液浓度高，抗逆性强，定植后缓苗快，发棵早。

温度偏高，特别是后半夜温度高，水分多，光照不足时，会使叶片大而薄，颜色淡，节间长而细，根系不发达，花器官分化晚，体内干物质含量少而水分多，抗逆性弱。

育苗期间发现徒长趋势，应加强放风，适当降低温度，控制浇水，加强光照。张挂反光幕的苗床不容易出现徒长。后半夜降低温度，加大昼夜温差，对抑制徒长效果更明显。保护地采光、保湿条件差，若不采用温床育苗，管理技术跟不上，往往容易出现僵苗。僵苗有多种表现，由不同原因引起。一种是叶片小，颜色深，暗淡无光，节间短，根系不发达，根色黄褐，生长迟缓。主要是土温低，特别是遇到灾害性天气，较长时间气温低于18℃。遇到这种情况，应立即设法提高苗床温度，把容器移到架床上或电热温床上，床面扣小拱棚，在苗床北侧张挂反光幕。一种是叶片小而黄，生长缓慢，主要是床土瘠薄所致，追施少量复合肥，浇水后，提高床温即可得到解决。一种是生长缓慢，叶色暗绿，原因是水分不足，根系发育受到影响，严重抑制了生长而造成的。遇到这种情况应适当多浇水。一种是子叶上翘，叶片小，颜色发黄，向上卷起，有的叶缘干枯，严重时整叶枯死。发生原因是受高温危害，苗床不通风或通风量过小，长时间处于高温状态。

特别提示

从嫁接成活后到定植，对温床的温度、光照、水分调节适宜，才能培育壮苗。西瓜幼苗期温度越高，雌花分化节位也相应提高，而较低的温度可以提早雌花的分化，雌花着生节位低。西瓜能不能获得高产，培育壮苗是关键，只有健壮的秧苗才能实现早熟、优质、高产。

5

袖珍西瓜栽培技术

袖珍小西瓜简易早熟栽培投资少，管理方便，是小本农户发展种植的好途径，虽不能与大棚抢早，但小西瓜果实发育周期短，坐果至成熟只需20多天，比同期播种的普通早西瓜提前10～12天上市，经济效益也很可观。本章主要介绍了适宜不同地域、不同季节温棚种瓜的技术要点。

20 如何整地施基肥(1月中下旬至2月中上旬)？(视频7)

深翻地和增施有机肥 嫁接换根的西瓜根系比较发达，应进行深翻，使根系充分生长。在前茬作物收获后清除杂草与残株，清洁地面，耕翻40厘米深，耙平地面，按1米行距开深沟施基肥。基肥以迟效的厩肥为主，配以适量的磷钾肥。有机肥应堆置腐熟后施用。在土壤肥力中等水平的条件下，每亩可施猪、牛、羊厩肥1500～2000千克，鸡、鸭粪500千克(或饼肥50～100千克、人粪肥100千克)，过磷酸钙20～30千克。在日光温室中，没有雨水淋溶流失，肥料有效利用率可占总需肥量的60%～70%。各种粪肥施入沟中以后，用镐刨一遍，使粪土掺和均匀，然后逐沟浇水，以保证定植后底墒充足，减少浇水，避免空气湿度过大。

作垄覆盖地膜 开沟施基肥灌水后，按1米行距作畦埂，踩实，贴畦埂开沟培土，每畦内做成一个高垄，垄台高度与畦埂高度相同，达到13厘米。用小木板把垄台、垄帮刮平，然后覆盖45厘米窄幅地膜，既可防止垄面水分蒸发，提高地温，又便于从两侧靠畦埂的垄沟灌水。畦埂必须宽而坚实，以便于操作。

特别提示

嫁接换根的西瓜根系比较发达，应进行深翻，使根系充分生长；覆盖地膜能防止水分蒸发，提高地温。第21问和第22问指的都是1月中下旬至2月中上旬棚温室播种的栽培技术。

21 定植有哪些方法？时期和密度如何确定？（视频8）

定植时期 北纬40°左右地区以3月上旬定植为宜，向南可适当提早，向北可适当延晚。长江流域地区可于2月份定植。

定植方法 定植前1～2天，容器中浇足水，以防定植时脱下容器散坨伤根。选晴天上午，把地膜从垄中央按40～50厘米株距用刀片开十字形口，把地膜向四边拉开，用铲开定植穴。定植穴的深度超过苗坨高1厘米，大小超过容器直径，深浅一致。选大小一致的秧苗放入定植穴中，脱下容器，埋一部分土，往穴中浇水以不溢出穴外为准。水渗下后封按，重新把地膜盖严，用湿土盖上切口。

如果秧苗不整齐，可把大苗栽在一起，小苗另栽。

定植时发现砧木发生萌蘖，应及时摘除。发现病虫危害苗、长势弱的苗应该淘汰。

定植密度 温室后部通路兼水道60厘米宽，所以实际栽培面积当每亩温室跨度为7米时，只剩下610平方米；跨度为6米时只剩下600平方米。行距1米，株距40厘米，每株西瓜的营养面积为0.4平方米，计算每亩温室栽苗数应为实际栽培面积÷每株西瓜营养面积。7米跨度的温室为610÷0.4=1525株；6米跨度温室为600÷0.4=1500株。如果株距45厘米，则7米跨度温室为610÷0.45=1355株；6米跨度温室为600÷0.45=1333株。

特别提示

除上述的定植方法外，还可以先栽苗后覆盖地膜。定植时在垄面上开沟，把秧苗按40~50株距摆入沟中，脱下容器，埋一部分土，浇沟水，水渗下后封土，用小木板刮平垄台和垄帮，覆盖地膜后开纵口把秧苗引出膜外，用湿土把膜口封严。先栽苗后盖膜则栽苗深浅容易一致，浇水量好掌握，地膜开口小好封闭。另外，爬地多蔓整枝时，行株距为(1.8~2.0)米×(0.5~0.7)米。

22 定植后需做哪些管理工作?

缓苗期管理 日光温室西瓜定植后，正值气温较低季节，有时难免出现灾害天气，应该密闭保温，创造高温高湿环境条件，促进缓苗。遇到寒潮可在畦面扣小拱棚。西瓜极耐高温，即使气温达到40℃也有一定的同化机能，所以缓苗期不需放风。定植水浇足时缓苗期不需要浇水。

缓苗后到伸蔓期管理 西瓜缓苗后在环境条件适宜的情况下，很快从“团棵”到“甩龙头”，进入伸蔓期。此期是西瓜坐果和果实发育的打基础阶段，长成大的茎叶才能结出较大的果实，所以缓苗后给予适宜的温、光、水、肥、气条件，促进植株迅速生长是必要的。但是遇到温度较高(特别是夜温高)、光照不足、水分过多，则容易引起营养生长过盛，而影响坐果。所以在管理上应采取先促后控的措施。缓苗后白天保持20~25℃，夜间15℃左右，不浇水，在栽培畦北侧张挂反光幕，增强光照，起到促根控秧作用。

茎蔓开始迅速伸长时，结合追硫铵每亩15～20千克，撒在垄沟中，灌一次水，白天温度提高到25～30℃，促进茎叶迅速生长。这次追肥称作促蔓肥，浇水称作促蔓水。伸蔓期一般历时20～25天，根系基本建成，地上部营养器官达到相当规模，为开花结果奠定了基础。伸蔓后期应控制浇水，适当降低温度，白天保持20～25℃，前半夜15℃以上，后半夜13～15℃，抑制营养生长，促进生殖生长，即所谓"蹲瓜"。

西瓜伸长以后不能直立生长，需要立支架，向空间发展，增加受光性，充分提高温室利用率。在西瓜植株的一侧，每株插两根竹竿，距根部10厘米左右直立插入土中，竹竿的长度随温室前屋面的构形，南低、北高，上端距离薄膜需有一定距离，以防卷放草苫时屋面上下波动扎破薄膜。为了使支架稳固，每排支架纵向用3道竹竿固定，南北两端在架端用模杆连在一起，把全温室的支架连成一个整体。

结果期管理 从雌花开放到果长到鸡蛋大小，幼果上的茸毛明显稀疏(所谓褪毛期)，在25～30℃的气温条件下需4～6天，这一时期叶片和茎蔓继续旺盛生长，但已进入生殖生长阶段，营养生长与生殖生长同步进行，但以营养生长为主，果实的重量增加很少，但细胞分裂增殖正在进行，遇到低温、干旱、光照不足都会影响坐果和果实发育。因此坐果期需要调节好温度、光照和水分。

西瓜幼果褪毛以后，由于细胞数目已定，主要是细胞的增大，果实迅速膨大，重量急剧增加，称为果实膨大期，这一时期温度适宜，肥水充足，光照较强，即可长成较大果实，如果温度、光照条件适宜，但肥水不足，即使同一品种、相同结果部位，果实也不能正常膨大，植株也容易早衰。所以果实膨大期的肥水管理称为催瓜水和催瓜肥，每亩追施发酵饼肥 30 ~ 40 千克或三元复合肥 15 千克。

西瓜的叶面追肥在傍晚和清晨进行，无雨的阴天可全天进行。前期结合防治病虫喷农药时混入少量尿素或磷酸二氢钾，后期单独追施尿素、磷酸二氢钾、硫酸钾以及微肥等。

前期根外追施浓度一般为 0.1% ~ 0.3%；后期可达到0.3% ~ 0.4%。

整枝、留瓜和吊瓜 西瓜主蔓上每个叶腋都能发生子蔓，子蔓的叶腋又能发生孙蔓，日光温室栽培时采取双蔓整枝，除主蔓外，再留一条子蔓。在植株长出 4 ~ 5 条子蔓时，选留一条长势强的子蔓，其余子蔓全部摘除。每株西瓜插两根架材，把主蔓和子蔓用马蔺或塑料绳分别绑在两根架材上。西瓜蔓较长，温室比较低矮，在绑蔓时应弯曲绑在架材上，并且使每条蔓的龙头排列在南低北高一条斜线上，以利受光。绑蔓工作每天都要进行，避免龙头下垂。两条蔓上各叶腋发生的侧枝要及时摘除。

主蔓和子蔓上都有雌花和雄花开放，都能坐果，开始主蔓和子蔓上坐的瓜各留 1 个，主蔓留第 2、3 雌花坐的瓜；子蔓留第 1、2 雌花坐的瓜。不同节位坐的瓜产量有差异，主蔓第 3 雌花坐的瓜产量最高，子蔓第 2 雌花坐的瓜产量最高。

每株西瓜只留一个瓜，当瓜长到碗口大时，选留一个，另一个摘除。留瓜的蔓在瓜前 5 ~ 6 片叶处摘心，最上 2 片叶发生的侧枝不再摘除。不留瓜的蔓作为营养蔓，叶腋中发生侧枝及时摘除。

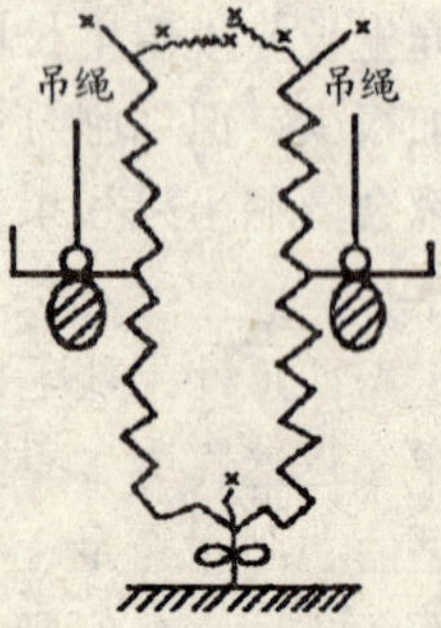

图 5-1 温室内吊瓜

温室内吊蔓栽培时选留的瓜由于养分集中，生长较快，随着重量的增加，茎蔓不能承担其重量，需要及时吊瓜，用青草作一个圆圈托直瓜的底部，圈上用 3 条塑料绳绑在架杆上，固定其位置。见图5-1。

特别提示

进入结果后期，不需追肥、浇水，因营养生长已经减弱，主要是果实中糖分的积累和转化，在管理上主要是保护叶片，延长功能和寿命。因根系吸收能力减弱，可进行根外追肥，喷药防病。

23 如何对西瓜进行人工辅助授粉？（视频9）

授粉方法：选植株长势中等、刚开的大形雄花，连同花柄摘下，将花瓣外翻，露出雄蕊，将花粉轻轻涂抹在雌花柱头上。雌花应选子房大而花朵小，花梗弯曲粗长，柱头标准的。一朵雄花可给2~4朵雌花授粉。在雄花数量充足时，尽量多用雄花。

每根花粉管只能通向与其相应部分的子房和胚珠，一粒花粉只能为一粒种子受精，如果授粉偏于一侧，发育的种子也偏于一侧，就形成畸形瓜。种子有促进果实发育的作用，种子多瓜个头就大，所以充分授粉是提高花粉发芽率，增加单瓜重的有效措施。

西瓜的第1雌花结果小并且容易出现畸形果，人工辅助授粉宜选第2~3朵雌花进行。授粉后的花柄处挂上不同颜色的纸牌。授粉工作进行7~8天，纸牌7~8个颜色，可避免遗漏和重复进行。纸牌还可作为采收时的标志。

特别提示

日光温室栽培西瓜需要进行人工辅助授粉才能提高坐果率，使果实发育正常。因为西瓜是虫媒花，靠昆虫传播花粉，而开花期在春天，昆虫活动比较少，适宜授粉的时间是早晨7~8时，在日光温室很少放风的情况下，靠昆虫传播花粉有困难。所以要想获得丰产必须进行人工辅助授粉。

24 西瓜需要哪些微量元素和生长素？

西瓜需要营养元素种类很多，除大量元素氮、磷、钾外，还需要氮、钼、铁、锰、锌等微量元素和稀土元素。有些植物生长素也有较好作用。

稀土元素合理喷施 稀土元素有利于西瓜生长发育，增强抗性，提高坐果率，喷施稀土元素的西瓜果实大，品质好，果形周正，皮薄光滑，肉质细嫩，汁多味甜，糖度增加0.2度左右。

西瓜素 上海市农业科学院生产的西瓜素是以硼、钼、锌、钴为主，配合适量的氮、磷、钾、镁等营养元素的浓缩液肥料，可起到早熟、提高坐果率、改善品质的作用。地面喷布以300倍为宜。可与中性、酸性肥料混合喷施。以初花期喷施较好。

生长素 近年西瓜生产上广泛应用爱多收、喷施宝、碧全等生长素，对提高西瓜产量、改善品质有一定的作用。但是使用不当不但收不到较好的效果，甚至造成损失。

特别提示

喷施生长素必须按产品使用说明书上的浓度，用量也要按说明书规定。喷施时期在伸蔓期、初花期、果实膨大期，最多3次，若植株长势旺盛，养分充足，则只需伸蔓期或初期喷1次。

25 什么是三膜覆盖栽培技术？（视频10）

三膜覆盖栽培是近年各地普遍采用的一种高效栽培方式，它是用0.8～1.2丝厚的地膜覆盖瓜垄，瓜苗定植在瓜垄上。再用细竹竿或树条做成小棚架，插在每畦上，在棚架上覆盖0.1毫米厚的农用薄膜，再在最外面覆盖大棚及棚膜，即形成三膜覆盖。这种栽培方式的特点是，既可利用地膜保墒和增加地温，以保护和促进根系的发育，又可利用棚膜保护瓜苗地上部，防低温，防轻霜冻，使幼苗在外界气温稍低的季节仍能在棚内正常生长。一般幼苗定植期可提早到终霜前30天左右，可收到明显的早熟效果。通常三膜覆盖后，比地膜西瓜提早上市30天。由于西瓜的季节差价大，早上市的西瓜价格高，所以三膜覆盖西瓜的产值高，目前约为露地西瓜的4倍，为地膜西瓜的2.5倍左右，一般每亩收入均在2000~2500元，高者可达4000元以上。因此，三膜覆盖栽培发展十分迅速，各城市郊区均有推广，其中推广最早、面积最大的是江淮郊区，已形成大面积三膜覆盖特早熟西瓜商品基地，在解决当前鲜瓜市场早期供应上，起到了一定的作用。

26 三膜覆盖栽培应掌握哪几项关键技术？（视频11）

提早育大苗 西瓜三膜覆盖栽培技术必须提早育大苗才能充分发挥其早熟增产的效应。三膜覆盖的育苗播种时期较早，如长江中下游地区通常在元月上旬播种，苗龄约需1个月，在这段时间内，外界气温与地温均较低，因此，必须采用保温、增温条件比较好的育苗保护设备，可因地制宜地采用温室、大棚或温床（电热温床、酿热温床或火坑式温床）育苗。播期较晚的地方，也可采用防风保温措施较好的阳畦（冷床）育苗。温室与大棚内育苗，一般是做成平畦，再加扣小棚；温床与冷床育苗床的控制与营养钵的配制同前面所述。为了培育壮苗，育苗期要加强通风炼苗，控制温度，也要控制浇水。三膜覆盖的幼苗定植时期在2月上旬左右，此时气候多变，故定植须选择无风晴天上午进行，才比较完全。为了提高定植，可在瓜垄上地膜下挖好向阳窝，幼苗平放定植在向阳窝中，这样幼苗的地上部，在地膜下生长，可以促进缓苗。

加强覆盖期内的管理 幼苗定植后在小棚内的管理，前期重点是防止大风刮坏和掀开棚膜，导致降温而影响幼苗正常生长。

中后期的重点是防止棚内高温烤苗，要随时注意放风通气，因为棚内温度高，水分蒸发快，易产生干旱缺水，故应及时沟灌。当外界气温稳定到18℃时，就不必再盖薄膜，可将薄膜及早撤除，但是春季气温多变，有时撤棚后还会有阴雨降温天气，为了确保其开花坐果，可以把棚膜拉到棚顶，四面通风，一旦遇雨或低温，可以重新把棚膜放下，以防雨淋并增温保果，等果实坐齐后再撤棚撤膜。

整枝压蔓 温室大棚内吊蔓栽培一般采用双蔓整枝，一般作爬地栽培时应进行4～5蔓整枝，当主蔓生有6～7片真叶时，应摘心促进侧蔓的形成，在侧蔓中留下4～5个北蔓，其余摘除，孙蔓也应摘除。压蔓是田间管理中重要的技术环节。

压蔓的好处 第一，可以固蔓防风。北方春夏风大，刮大风时容易造成蔓滚花落而坐不住果，压蔓后瓜蔓就不会翻滚。第二，压蔓时把主侧蔓均匀分布于行间，可充分满足喜温喜光的西瓜生长，提高光合率。第三，可以调节好营养生长与生殖生长的关系，使茎叶与果实协调生长，茎蔓增粗，顶端生长减慢，有利于促进坐果和果实膨大。第四，压入土中或土块下的茎节上可以产生腰根(不定根)，增加根的吸收面。

压蔓方法 分明压与暗压两种。

①明压。一种在土壤湿度较大的黏质土壤上进行。通常用压土块或加树枝或用塑料夹卡的办法，一般每隔20～30厘米压1次。

②暗压。常在沙地或旱地上采用。一般用压瓜铲开沟后，先把瓜蔓拉直，再把瓜蔓放入沟内，将沟土挤紧压实即可。亦有采用比较简单的暗压方法，即先在压蔓处挖一小穴，把瓜蔓放入穴内，再盖上压紧紧。压瓜时注意不要把雌花压入土内。

压蔓可以调节茎叶的生长。茎叶生长较旺时应采用重压和深压的办法控制茎端过快生长，促进坐果；植株生长势较弱，就应轻压，促使茎叶加大生长。清晨茎蔓水多质脆，容易碰折，因此，在下午茎蔓变软时压蔓，比较安全。

人工辅助授粉 小棚覆盖期内，外界气温不高，授粉昆虫活动较少，小拱棚内更缺乏传粉昆虫，因此，双覆盖栽培必须采用人工辅助授粉，才能保证坐果好。

适时采收 双覆盖西瓜成熟早、上市早，但果实发育期的平均气温不如露地或地膜覆盖的西瓜，所以果实发育期天数略长一些。

特别提示

南方雨多，土壤湿度大，压蔓容易烂茎，因此，采用理蔓或铺草的办法，同样可把瓜蔓均匀分布于畦面，用瓜蔓上的卷须攀缘于铺草上或瓜蔓间互相攀缘而固定下来。

27 长江流域地区西瓜早熟栽培的技术要点是什么?

长江流域地区是早熟栽培基础较好的基地之一，有丰富的早熟栽培经验，主要采用大棚和小拱棚覆盖栽培，提前了播种育苗季节，育苗设施有了很大改进，定植后采用简易保温办法，技术措施更为配套，效果十分显著。早熟栽培可分为极早熟栽培技术和早熟栽培技术。极早熟栽培提前到1月中下旬，在比较寒冷的季节播种，为了保温育苗，改用大(中)棚套小棚和提高土壤温度的苗床，定植后为了避免低温袭击，在小拱棚中再覆盖节约棚。早熟栽培则于2月上中旬用小棚(冷床)育苗，3月上中旬定植于小拱棚中，由于气温开始回升，为了节约成本而改用地膜覆盖，棚的形式为简易小棚。5~6月份开始采收果实。它的栽培技术关键是：

播种育苗 极早熟栽培，必须提前播种育苗，大苗移栽，提前定植。播种期可提早到 1 月中下旬，当时天气阴霾，气温低，若采用一般的冷床育苗，由于热源不足，保温性能差，不能保证秧苗对温度条件的要求，所以育苗的成功率低。因此，根据当地条件，采用大棚套小棚苗床。通过两层覆盖，提高了保温能力，改善了光照条件。苗床大棚的跨度约 4 米，高 1.6 ~ 1.8 米，其间纵向做两个 1.6 米的小拱棚，覆两层塑料薄膜，床底挖深约 30 厘米的床孔，垫装猪、牛、羊鲜厩肥、垃圾，利用生物酿热或敷电热线加温，电热线的功率为 120 瓦/平方米。大棚套小棚的日平均温度的最低温度均比小棚高 3 ~ 5℃，由于容积大，温度比较稳定。特别是可防止夜间低温和冻害影响，在严寒期间还可于小拱棚上覆草帘保温，提高地温，保证西瓜育苗对温度条件的需要。早熟栽培于 2 月上旬播种，气温已经较高。因此，植株长势比较弱，就应轻压，促使茎叶加快加大生长。

早熟栽培育苗期间气候条件比较恶劣，双膜覆盖光照条件较差，空气湿度较高，容易出现幼苗徒长和发生病害，因此，应加强育苗期间的管理。首先应根据不同时期的需要进行严格控温，播种出苗期应提高床温，促进种子发芽出土，土壤温度应控制在 25 ~ 35℃。出苗至第 1 片真叶期，应适当降温，以防下胚轴的伸长，一般白天维持 20 ~ 25℃，夜间 15 ~ 20℃。第 1 真叶出现后，应提高温度以促进幼苗生长，通常白天约 25℃，夜间不低于 15℃。定植前 5 ~ 7 天要进行降温锻炼，以提高幼苗适应性，白天可维持 20℃左右，夜间降至 13 ~ 14℃。此外，应注意防寒，夜晚除密封大小棚外，在小棚上还可盖草帘或其他覆盖物以防霜冻，白天要及时揭除，以接受光照。白天棚温较高时，小拱棚应及时通风以降低空气湿度和改善光照条件，在瓜苗出土前需要充足的水分条件，幼苗出现真叶以后应控制苗床的湿度，促进根系的生长，如床面干裂可覆湿土保湿，同时要防止苗床空气湿度过高。在床温过高时，应增加通风量，在空气温度过低时，可在苗床内用温水喷雾，以提高空气湿度。总之应防止苗床因高温高湿而引起徒长，或因低温低湿而造成猝倒病的发生，以及高温低湿而引起的幼苗失水凋萎。如果育苗期内遇到长期阴雨天气而形成瓜苗十分嫩弱，此时天气转晴后又突然遇到强光，极易造成失水萎蔫，因此，不宜立即揭膜降低空气湿度，而是应该先采取短期遮荫，继续保持棚内较高的湿度，先接受散射光，逐步适应后再通风揭膜接受较强的光照。

早熟栽培小拱棚育苗的苗床管理基本同上，但温湿度控制比较困难，如遇早春连续阴雨低温，育苗仍有一定风险。

定植 瓜地应在头年冬种时准备好，畦宽 4 ~ 4.5 米，东西向，两侧各种宽 1.2 ~ 1.5 米的早熟大麦，中间 1.5 ~ 2 米为预留瓜行，冬季开好排水沟，瓜行要耕翻 2 ~ 3 次疏松土壤。早春每次亩施优质猪圈肥 1500 ~ 2000 千克，过磷酸钙 15 千克，硫酸钾 15 千克或草木灰 75 千克，与土捣匀，上面再覆熟土，做成高出土面约 30 厘米的瓜垄，畦面再泼浇人粪尿每亩 1500 ~ 2000 千克。移植前 1 周，当田间水分适宜时，捣松瓜垄表土，耙平，立即覆盖地膜，以吸收热量、增加地温。

极早熟栽培的移植期在 2 月上旬，当时气温和地温均比较低，应选择晴天定植以利根系的生长，定植后搭好简易棚，以长约 1 米的竹片做成拱棚，其上覆盖幅宽约 1 米的地膜。简易棚宽 70 ~ 80 厘米，高约 30 厘米，再在瓜垄搭小拱棚，幅宽 1.2 ~ 1.4 米，高约 60 ~ 70 厘米，上覆幅宽 2 米的农用薄膜，然后棚架用绳网固定防风。

早熟栽培在 3 月上旬定植，当时的气温和地温均比较高，一般只盖一层塑料薄膜即可，小拱棚的规格同上，由于早熟栽培的薄膜覆盖时间短，为节约成本起见，小棚的宽度可缩小到 1 米左右，其上覆盖 0.05 ~ 0.3 毫米的地膜，每亩用膜量仅需 4 千克，大大节约了成本。

极早熟栽培在瓜垄中央单行种植，株间距离约75厘米，每亩栽植650株，早熟栽培则采用双行三角形定植，瓜苗栽在各距中央15厘米处，以利用小棚温度、光照条件的最优位置，行距一般为2米，株距一般为：3蔓整枝，株距60厘米；4蔓整枝，株距70厘米；5蔓整枝，株距80厘米。

温度管理 定植以后主要是利用日光能及保温措施来提高棚温，加速生长，特别是极早熟栽培，2月中旬定植时气温尚低，因此，提高棚温应成为栽培成功的关键。移植后7～10天要严密覆盖小拱棚和简易棚上的薄膜，提高棚温以促进发根缓苗，加速生长。小棚温达30℃以上时就要适当通风。4月初晴天中午应适当通风，降低空气温度，增加光线的透过率，提高秧苗的素质，但阴天和夜间仍以覆盖保温为主。以后随着气温的回升逐渐增加通风面积和通风时间。4月中旬前后气温稳定在15℃以上，瓜蔓伸长，出现雌花，可以拆除棚上的地膜。5月上旬气温达17.5℃，已基本满足西瓜生长对温度条件的要求，晴天可将小棚两侧薄膜向顶部卷起，夜间则依瓜苗生长状况而定，如植株生长旺盛，夜间就不必覆膜，以适当降温使其正常生长。如植株生育缓慢，则夜间要继续覆膜，以促进生长。降雨天应放下薄膜防雨。4月中旬以后，植株已全部坐果，则应全部拆除小拱棚的棚架和薄膜。除正常的温度管理外，应随时注意当地气象预报，以防夜温过低而造成冻害。必要时要在棚上再覆盖干草以提高保温能力。同时，要检查防风网，避免大风掀膜。在暖晴天，有时棚温高达40℃以上，极易灼伤植株，可临时用乱草遮荫降温。在通风降温的同时，棚内温度条件变化很大，一般温度较低，易伤害秧苗。据观察在气温40℃，密闭条件下，空气湿度在60%以上时，植株仍能维持正常生长。因此在连续阴雨天气放晴时，应上午9时前揭膜通风，切忌在中午前后仓促通风，因这时通风棚内水气大量散失，湿度迅速下降，致使秧苗失水而造成伤苗。

早熟栽培前期的管理仍应以保温为主，但最高不得超过35℃，由于早熟栽培是单层覆盖，小棚保温能力差，因此，前期可在拱棚上覆盖草帘保温。温度管理应根据天气、秧苗的状况，灵活掌握。当夜间温度稳定在20℃时，可昼夜通风。5月下旬拆除棚架和薄膜，并做好理藤压藤工作。

肥水管理 极早熟栽培在4月中旬，施1次重肥，每亩施畜禽肥1500~2000千克，磷、钾肥各15千克，于瓜垄两侧，距根约1米处开沟施入。4月上旬至5月上旬，天气经常晴好，雨日和雨量也比较少，对西瓜的生长十分有利，植株生长迅速，并进入现蕾和开花坐果阶段，此时应注意保持土壤湿度，适当浇水。当头一批瓜有鸡蛋大时，施好膨瓜肥，一般亩施1500~2000千克清水粪或猪尿，每100千克加尿素0.4千克，距根约1米处浇下，浓度视土壤湿度灵活掌握，膨瓜肥应掌握先结先施，多结多施的原则。

早熟栽培的出藤肥，施用方法和施肥量同上。但是由于生育期较迟，一般可推迟10~15天施用。坐果以后的膨瓜肥亦同上。但植株生长良好，还可以争取二次结瓜，提高产量，一般是在大部分头批瓜采收以后，每亩施人粪尿1 500千克，每100千克加尿素0.3千克，3~4天1次。梅雨期过后应掌握水多肥少为原则，争取复壮秧苗，同时要做好除草、瓜墩覆草或覆土保护根系、病虫防治等工作。

促进坐果 极早熟栽培的开花坐果期在3月下旬至4月上旬，果实发育期内的气温较低，早期低节位结的果果形较小、畸形瓜比例较高，理想的坐果节位为蔓上第2雌花，而当时仍处于覆膜条件下，昆虫活动很少，因此，应在主蔓第2雌花开放时期，每天清晨7~9时进行人工辅助授粉。要求每亩坐果1200个，成果1000个，单瓜重2.5~3千克，这样才能达到亩产2500~3000千克的指标。早熟栽培的坐果期在气温较高的5月上旬，为了争取主动，仍应重视人工辅助授粉，以便及时坐果。

应注意的几个问题

①西瓜的早熟栽培，特别是极早熟栽培是在气候条件比较恶劣的季节进行，投资成本比较高，技术性很强，有一定的风险，各地应根据当地的自然气候条件、经济和技术水平，在小面积试种成功的基础上逐步发展。

②西瓜早熟栽培和极早熟栽培的供应季节是在5～6月份，如早熟栽培面积的比例过高，则西瓜供应的高峰期就必然提早，由于当时气温尚低，市场消耗量不大，可能会给销售带来困难，即使早熟也难以形成优势，从而得不到较高的经济效益，因此不能盲目地追求早熟。要安排适当面积晚熟和极早熟栽培，以延长西瓜的供应时期。

③早熟栽培的技术关键是提前播种，培育健壮的大苗，提前在保温条件下栽植，提早开花坐果。由于生产季节早，必须改善育苗保温措施，改善小拱棚的保温性能。实践证明大(中)棚套小棚并采用生物酿热(或电热线)加温育苗的技术是可行的，采用小棚套简易棚定植瓜苗提高了夜间的保温性，又节约了成本，克服了寒潮期间的冻害问题，对稳定西瓜早熟起到了很大的作用。

特别提示

采用双膜保护设施，充分利用当地的温、光等自然资源，通过精细的栽培管理，可使西瓜熟性提前至5月份，经济效益明显提高。由于生育期提前，可以在梅雨以前坐果，从而增强了西瓜抗御自然灾害的能力，这是长江中下游多雨地区西瓜早熟、丰产、稳定的一项重要措施。同时早熟栽培提前腾地栽插晚稻，对保证粮食生产有一定的积极作用。

6

西瓜的生理障害及病虫草害防治

西瓜生理性障害多发生在开花授粉期和果实膨大期。病情发展快，变化大，迅速蔓延，连片发生，甚至整个产区都会同时发生，使人难以预料。由于用户缺乏生理性的理论分析，所以往往被误认为西瓜常见的病毒病发生来防治，结果未能奏效。而西瓜种植过程中，影响经济效益的三大克星是病、虫、草。防治好西瓜病、虫、草害，是确保西瓜高产优质的关键措施。

28 袖珍西瓜的生理障害主要表现在哪些方面?

缺钙 生育期间叶缘黄化，叶片向外翻卷呈伞状，中午叶片向内卷，傍晚恢复，植株生长缓慢，是缺钙的表现。产生这种现象的原因是有机肥施用量较少，由于离子的颉颃作用，或土壤干旱，影响钙的吸收。发现这种症状应及时浇水，并喷施0.2%～0.3%的氯化钙。

缺镁 西瓜叶片近主脉的叶脉间叶肉黄化，并逐渐向周围扩展，症状从下向上逐次扩展，是缺镁的表现。发现这种症状可喷0.2%的硫酸镁，使其恢复正常生长。

缺钾 西瓜叶缘褐变枯死，严重时褐变部向内扩展，是缺钾的症状，应追施钾肥。可喷洒 0.2% 硫酸钾，或 0.2% 的磷酸二氢钾。

缺硼 西瓜植株的新生叶黄化，生长缓慢，是缺硼的表现，主要是土壤干旱，根系对硼的吸收受阻所致。除了及时浇水外，喷施 0.2% 氯化钙和 400～500 倍液的硼砂。

肥害 施肥量过大，整株叶片深绿色，追肥距根系过近，根系受到损坏，引起地上部茎叶枯黄。肥害有施肥过量或方法不当引起的，也有根外追肥浓度过大造成的。前者应浇大水降低肥料浓度，后者应迅速喷清水冲刷植株。

药害 喷药浓度过大，轻者茎叶褪色，重者烧焦植株。发现后应立即喷清水稀释药液浓度，可取得一定程度缓解，严重时只有通过管理，使其萌发新叶，恢复生长。

特别提示

西瓜的生理障害主要表现在生育期间缺少钙、镁、钾、硼等元素，或施肥量过大，施肥方法不当，根系受损坏，以及叶片受害，而引起的不正常表现。西瓜田的杂草种类与一般旱作物田相似，但瓜蔓匍匐生长，没有其他作物那种空中竞争优势，因而草害更重于一般旱作物田。

29 瓜田杂草是如何产生的？（视频 12）

在营养钵苗床中，塑料薄膜小拱棚的覆盖产生强烈的温室效应，钵土内有充足的水分供应，这种高温高湿的环境，加上取自土表的钵土中杂草种子含量大，因此营养钵苗床的杂草发生早、出土齐，草量比露地田高出 5～10 倍。苗床杂草一般在播种封膜后 5 天左右开始出土，播后 2 周为出草高峰，以后随着揭洞通风的降湿控温，出草量逐渐减少。因此，西瓜苗床化学防除的重点应放在控制播后20天内出土的杂草上。

在地膜田中，覆盖地膜后耕作层的地温和含水量都高于膜外，与露地田相比出草早而集中，也呈单峰曲线，覆膜1周左右见草，半个月时进入出草高峰，覆膜1个月后出草较少，基数大的田块杂草拱起甚至顶破地膜，与西瓜激烈争肥争光。地膜覆盖后难以进行膜内化学防除，以覆膜前土壤处理为好，以控制前期1个月内出土的杂草为重点。

在露地田(直播或移栽大田)中，杂草的发生期和发生量受整地后的土壤墒情、降雨的早迟、雨量的大小所限制，如江苏省露地瓜田杂草主峰随进入梅雨期的早迟和梅雨季节的长短而变化。一般有2~3个出草高峰。雨后5天左右开始出草，始峰出现在5月上中旬；主峰在6月中旬至7月上旬高温高湿的梅雨期间，持续20天左右；7月下旬起还会有第三个出草高峰，但此时的出草对西瓜的生长已无明显影响。

特别提示

瓜田杂草主要有马唐、狗尾草、稗草、千金子、牛筋草、野燕麦等禾本科杂草，小藜、灰绿藜、红蓼、酸模叶蓼、铁苋菜、反枝苋、凹头苋、鲤肠、苍耳、龙葵等阔叶杂草，以及异型莎草等莎草科杂草。不同栽培方式田块的杂草发生规律和化学防除技术间均有一定的差异。

30 如何进行土壤处理?

直播瓜田(包括营养钵苗床、地膜或露地直播大田)。播种并盖土后，可选择下列配方，每亩对水20~30升后均匀喷洒。防除以禾本科为主的一年生杂草，46%拉索(甲草胺)乳油苗床和地膜直播田的播行内每亩用100~150毫升，露地直播田播行内每亩用

130～180毫升，直播大田播行外空幅地上每亩用200～300毫升；杀草丹苗床和地膜直播田播行内每亩用50%乳油100～150毫升，露地直播大田播行内每亩用50%乳油150～200毫升，播行外空幅地上亩用50%乳油200～250毫升；60%丁草胺乳油苗床及地膜直播田的播行内每亩用60～80毫升，露地直播田播行内每亩用80～100毫升，播行外空幅地上每亩用100～120毫升。一年生单子叶、阔叶类杂草混生的田块，25%敌草隆可湿性粉苗床及地膜直播田播行内每亩用100～130克，露地直播田播行内每亩用130～150克，直播田播行外空幅内每亩用150～200克；25%绿麦隆可湿性粉每亩用150～200克；25%除草醚可湿性粉每亩用250～300克。此3种除草剂对西瓜苗的安全系数小，用量稍高即会发生药害，切忌重喷。

露地直播田还可选用50%敌草胺可湿性粉每亩用100～200克，可防除多种一年生单子叶和阔叶类杂草，药后下雨或灌溉可提高除草效果；80%杀草净可湿性粉，西瓜播后立即施药，每亩100～150克，对苋、龙葵、牵牛花、藜、蓼、碱草、稗、马唐、牛筋草等有较好的防除效果；72%都尔乳油每亩50～100毫升对一年生禾本科草及部分阔叶草有较好防效。

移栽大田(包括地膜移栽膜内外化学防除及露地移栽大田化学防除)可选用下列配方对水25～30升喷雾。48%氟乐灵乳油每亩125～150毫升，药后立即混土深2～3厘米以避免有效成分光解；50%敌草胺可湿性粉150～300克；72%都尔乳油80～125毫升；48%地乐胺乳油150～250毫升；25%除草醚可湿生粉400～600克；60%丁草胺乳油100～130毫升；30%胺草膦乳油150～200毫升。药后浅混土可提高防效；80%杀草净可湿性粉130～200克；48%氟乐灵乳油100毫升加50%扑草净可湿性粉50克，可扩大杂草谱，兼除一年生单、双子叶杂草。

特别提示

地膜移栽大田可选用都尔加除草醚配方的除草剂地膜。药膜集地膜的增温保湿和除草剂土壤处理等两大功能于一体，可兼除一年生禾本科草和部分阔叶类杂草。

31 套作田如何灭麦茬?

麦瓜套作田块，麦收后麦茬中杂草及麦青丛生，形成草害。可先人工理蔓，将瓜藤轻提起暂时拢向西瓜近根处，然后选用灭生性除草剂，喷雾器的喷头上加罩，定向喷雾。待草叶上药液干后，再重新把瓜藤理顺，伸向麦茬。防除一年生杂草，亩用10%草甘膦水剂250~400毫升，或亩用41%农达水剂100~150毫升；防除多年生杂草，每亩用10%草甘膦水剂800~1600毫升，或每亩用10%农达水剂200~400毫升。草甘膦和农达为内吸传导型灭生性除草剂，必须喷在杂草的绿色部位方能有效，喷到土壤中迅速与铁、铝等金属离子结合而失去活性；药后7天杂草严重发黄，10天枯死，对部分宿根性杂草有根除用作。每亩克芜踪用150~300毫升，克芜踪为速效触杀型灭生性除草剂，早晨施药，傍晚时杂草即青枯，见效十分迅速，但药后宿根性杂草仍能继续萌生。农达、草甘膦或克芜踪等灭生性除草剂加土壤处理剂，既灭茬又控制以后的杂草出土。

特别提示

麦瓜套作田块，麦收后麦茬中杂草及麦青丛生，形成草害。可先进行人工理蔓，然后选用灭生性除草剂。

32 如何防除禾本科杂草?

可选用下列配方，每亩对水20~30升，在杂草3~6叶期均匀喷雾。35%稳杀得乳油，或15%精稳杀得乳油，每亩次50~75毫升，可防除一年生禾本科草；防除多年生禾本科草，可每亩次用100~167毫升。天气干旱及杂草瘦老时应适当提高剂量。每亩次用12.5%盖草能40~75毫升或10.8%高效盖草能25~35毫升，可有效防除一年生禾本科草；防除多年生杂草科草时，剂量应加倍。10%禾草克乳油，剂量同12.5%盖草能乳油。20%拿捕净乳油，每亩用67~140毫升。营养钵苗床的苗后化学防除，应选择晴日中午揭半棚膜施药，待药液干后才能覆棚膜或封棚，以免湿苗过夜造成"伤风苗"。

特别提示

防除阔叶杂草及莎草科杂草在西瓜5叶后，每亩用48%排草丹水剂100~150毫升，对水30升喷雾，可有效地防除宿根性杂草扁杆藨草、香附子及异型莎草等莎草科杂草和多种阔叶杂草。

33 化学除草应注意哪些事项?

西瓜苗对很多种除草剂敏感，棉田除草剂伏草隆禁止在瓜田使用。直播瓜田亩用80%伏草隆可湿性粉100克，30天内西瓜死苗率44.15%、药害苗率100%；移栽大田空幅中使用伏草隆，瓜蔓伸达化学防除区即中毒，逐渐死亡。棉瓜间作田块尤应注意。不同质地土壤及土壤有机质含量不同都会影响除草剂的除草活性。黏土田、有机质含量高的田块可取较高剂量；沙土田、瘠地可取较低剂量。

营养钵苗床及地膜直播田块由于小气候的温湿度高而除草剂活性高、瓜苗娇弱，因此这类田块的化学防除剂量常只为露地田常用剂量的60%~70%，超之则易发生药害。西瓜苗床每亩用

25%除草醚可湿性粉500克，30天内西瓜死苗率达48.66%，最严重处达60.17%；每亩用25%敌草隆可湿性粉200克，30天内死苗24.7%；每亩用25%绿麦隆250克，30天内死苗19.85%；低剂量下较为安全的拉索，亩用46%乳油200克时，30天内死苗率也达15.17%。所以，苗床化学防除应试验当地的安全剂量。在阔叶作物田广泛使用的除草剂氟乐灵对移栽西瓜苗安全，但对直播西瓜的药害十分严重。直播西瓜播前土壤处理每亩用48%氟乐灵100毫升，30天内死苗68.24%，亩用50毫升也出现大量的畸形苗、缓长等中等症状。所以氟乐灵不得用于直播西瓜田的化学防除。西瓜苗后化学除草时不得与速灭杀丁混用（兼治棉蚜等害虫），西瓜对速灭杀丁敏感，药后西瓜植株将连续出现7片左右的白化叶，西瓜缓长。

特别提示

不同质地土壤及土壤有机质含量不同都会影响除草剂的除草活性，在使用防除剂时应注意其剂量。

34 如何识别和防治西瓜枯萎病？

症状识别 发病初期西瓜叶片从后向前逐渐萎蔫，似缺水状，中午尤为明显，但早晚可恢复，3～6日后，整株叶片枯萎下垂，不能复原。茎蔓基部缢缩，有的病部出现褐色病斑或琥珀色胶状物。病根变褐腐烂，茎基部纵裂。湿度大时病部表面生出粉红色霉。

发生规律 主要以菌丝、厚垣孢子或菌核在未腐熟的有机肥或土壤中越冬，成为第2年主要侵染源。该病系土传病害，生产上遇有日照少、连阴雨天多、降雨量大及土壤黏重、地势低洼、排水不良、管理粗放的连作地，西瓜根系发育欠佳发病重；此外，氮肥过量，磷钾肥不足，施用未充分腐熟的带菌有机肥，或土壤中含钙量高，黄守瓜及地下害虫危害重，均易诱发此病。

防治方法 选用抗病品种。实行7年以上轮作。提倡西瓜与玉米或甘蔗轮作，也可实行水旱轮作。控制氮肥施用量，增施磷钾肥及微量元素。发现零星病株时，用10%双效灵水剂200倍液，或高锰酸钾1300倍液等灌根，有良好的防效。

特别提示

西瓜枯萎病(也称西瓜重茬病)是西瓜的常见易发病害，在西瓜重茬地块发生较普遍，会给瓜农造成很大的经济损失。除上述防治方法，还可选择在春季移栽定植西瓜苗的同时在瓜苗附近点种几粒茼蒿种子，让瓜苗和茼蒿同步生长，等茼蒿苗长到30厘米时，用手掐下20厘米食用。如果是盖地膜西瓜，等茼蒿苗出土后，要及时将苗领出薄膜以外，以免地膜烤死苗。

35 如何识别和防治西瓜蔓枯病？(视频13)

症状识别 主要侵染茎蔓，也侵染叶片和果实。叶片染病，出现圆形或不规则形黑褐色病斑，病斑上生小黑点；瓜蔓染病，节附近产生灰白色椭圆形至不整齐形病斑，斑上密生小黑点；果实染病，初期产生水渍状病斑，其后中央变为褐色枯死斑，呈星状开裂，内部呈木栓状干腐，稍发黑后腐烂。

发生规律 主要以分生孢子器或子囊壳随病残体在土中，或附在种子、架杆、温室、大棚棚架上越冬。第2年通过风雨及灌溉水传播，从气孔、水孔或伤口侵入。种子带菌引致子叶染病。在平均气温18~25℃、相对湿度高于85%、土壤水分高情况下易发病，此外，连作地、平畦栽培，或排水不良、密度过大、肥料不足、寄主生长衰弱时发病重。

防治方法 实行2~3年轮作。从无病株上选留种子。采用配方施肥技术，施足充分腐熟有机肥。发病初期喷洒75%百菌清可湿性粉剂600倍液、50%混杀硫悬浮剂500~600倍液，或36%甲基硫菌灵悬浮剂400~500倍液。

特别提示

西瓜蔓枯病发病范围广，危害部位多，叶、茎、蔓均可染病，病菌适应性强，来势猛，流行快，损失大，应引起瓜农的高度注意。发现病菌后，对用过的棚架及工具用55℃的热水处理杀死粘附着的病菌。另外，还应合理密植，提倡小水漫灌，适时适量放风，降低棚室内温湿度。

36 如何识别和防治西瓜炭疽病？（视频14）

症状识别 苗期至成株期均可发生，叶片和瓜蔓受害重。苗期子叶边缘现出圆形或半圆形褐色或黑褐色病斑，外围常具一黄褐色晕圈，其上长有黑色小粒点或淡红色黏状物。近地表的茎基部变成黑褐色；叶柄或瓜蔓染病，初为水浸状淡黄色圆形斑点，稍凹陷，后变黑色。真叶染病，初为圆形至纺锤形或不规则形水浸状斑点，有时现出轮纹；成熟果实染病病斑多发生在暗绿色条纹上，果实染病初期呈水浸状凹陷形褐色病斑，凹陷处常龟裂，未成熟西瓜染病呈水渍状淡绿色圆形病斑，致幼瓜畸形或脱落。

发生规律 病菌以菌丝体或拟菌核在土壤中的病残体上越冬。10~30℃均可发病，气温20~24℃、相对湿度90%~95%条件适宜其发病。气温高于28℃，湿度低于54%，发病轻或不发病。地势低洼、排水不良，或氮肥过多、通风不良、重茬地发病重。重病田或雨后收获的西瓜在贮运过程中也发病。

防治方法 选用抗病品种和无病种子，或进行种子消毒。与非瓜类作物实行3年以上轮作。加强管理，采用配方施肥。保护地和露地可在发病初期喷洒50%甲基硫菌灵可湿性粉剂800倍液加75%百菌清可湿性粉剂800倍液，或50%多菌灵可湿性粉剂800倍液加75%百菌清可湿性粉剂800液。混合喷洒。

特别提示

西瓜炭疽病，是西瓜的主要病害之一。瓜地应与其他作物轮作3年以上，最好与水稻轮作种植。以排灌方便的砂质壤土为宜，增施磷钾肥，可以增强植株抗病力。发现病株，应拔除烧毁或深埋，同时在种植穴周围撒施生石灰。西瓜结实后，要铺草垫瓜，防止因直接接触土壤而感病。

37 如何识别和防治西瓜白绢病?

症状识别 主要危害近地面的茎和叶及瓜果靠近地面处。受害部分先呈暗绿色病斑，后扩大，稍凹陷，其上有白色绢丝状的菌丝体长出，多数为辐射状，边缘处尤其明显。后期在受害部位长出许多茶褐色油菜籽状的菌核。潮湿时，菌丝可扩展到周围的表土和土隙中，并结生菌核。受害部位皮层完全腐烂后，整株萎蔫枯死，瓜果腐烂。

发生规律 病菌以菌核在土中越冬，也可以菌丝体随病残组织留在土中越冬。病菌存活温度最高40℃，最低8℃，最适32～33℃；最适pH值5.9。病菌在高温、高湿而有充足空气的条件下发育良好，故疏松的沙壤土发病较多。

防治方法 及时清除瓜田中的病株，实行水旱1年以上的轮作，深翻耕，避免瓜果直接与地面接触。用五氯硝基苯0.5千克加细干黄泥15～25千克配成药土，撒施于茎基部的地面，有良好的防效。

特别提示

该病由担子菌亚门薄膜革菌属的真菌侵染所致。华中、华东和华南各省区都有分布。高温潮湿的年份发病严重。危害茎基部和果实接触地面的部分，引起全株死亡和瓜果腐烂。

38 如何识别和防治西瓜疫病?

症状识别 幼苗、成株均可发病。子叶染病先呈水浸状暗绿色圆形斑，中央逐渐变成红褐色，近地面处缢缩或枯死。真叶染病，初生暗绿色水浸状圆形或不整形病斑，迅速扩展，湿度大时，呈腐烂或像开水烫过状，干后为淡褐色，易破碎。茎基部染病，生纺锤形水浸状暗绿色凹陷斑，包围茎部且腐烂，患部以上全部枯死。果实染病，则形成暗绿色圆形水浸状凹陷斑，后迅速扩及全果。

发生规律 以菌丝体或卵孢子随病残体在土壤中或粪肥里越冬，第 2 年产生分生孢子借气流、雨水或灌溉水传播。发病温限 5～37℃，最适 20～30℃，雨季及高温高湿气候发病迅速，排水不良、栽植过密、茎叶茂密或通风不良发病重。

防治方法 选用抗病品种。播前种子用 55℃ 温水浸种 15 分钟，或用 40% 福尔马林 150 倍液，浸种 30 分钟，冲洗干净后晾干播种。选择排水良好田块，采用深沟高厢或高垄种植，雨后及时排水。发病初期开始喷洒 50% 甲霜铜可湿性粉剂 700～800 倍液，35% 瑞毒唑铜可湿性粉剂 800 倍液等有良好的防效。

特别提示

西瓜疫病的防治策略和栽培防治措施，与西瓜炭疽病的防治基本相同。鉴于本病流行性强，一旦发生，蔓延迅速，药剂防治上亦应按无病早防、见病早治的要求进行。

39 如何识别和防治西瓜绵腐病？（视频 15）

症状识别 苗期染病，引起猝倒，结瓜期主要危害果实。贴土面的西瓜先发病，病部初呈褐色水浸状，后迅速变软，致整个西瓜变褐软腐。湿度大时，病部长出白色绵毛，本病也可引致死秧。

发生规律 以卵孢子在土壤中越冬，适宜条件下萌发，产生孢子囊和游动孢子，或直接长出芽管侵入寄主。后在病残体上产生孢子囊及游动孢子，借雨水或灌溉水传播，侵害果实，最后又在病组织里形成卵孢子越冬。病菌主要分布在表土层内，雨后或湿度大，病菌迅速增加。平均气温 22～28℃，连阴雨天气或湿度大利于此病发生和蔓延。

防治方法 利用抗生菌抑制病原菌。采用高畦栽培，避免大水漫灌，大雨后及时排水，必要时可把瓜垫起。发病初期喷洒 14%络氨铜水剂 300 倍液，或 50%琥胶肥酸铜（DT）可湿性粉剂 500 倍液，隔 10 天左右 1 次，连续防治2～3 次。

特别提示

绵腐病为西瓜的常见病，分布较广，发生较普遍，主要在露地西瓜上发生危害，以多雨季节较常见，造成零星烂瓜，影响生产。保护地偶有发生，对生产无明显影响。

40 如何识别和防治西瓜细菌性角斑病？

症状识别 主要发生在叶、叶柄、茎、卷须及果实上。叶片染病初生针尖大小透明状小斑点，扩大后形成具黄色晕圈的淡黄色斑，中央变褐或呈灰白色穿孔破裂，湿度大时病部产生乳白色细菌溢脓。茎和果实染病，初呈水浸状病斑，后也溢有白色菌脓，干燥时变灰色，且常形成溃疡或裂口。

发生规律 病原菌在种子内、外或随病残体在土壤中越冬，成为第2年初的侵染源。发病温限10～30℃，适温24～28℃，适宜相对湿度70%以上。塑料棚低温高湿利其发病。

防治方法 选用耐病品种，无病土育苗，与非瓜类作物实行2年以上轮作，加强田间管理，生长期及收获后清除病叶，及时深埋。发病初期或蔓延开始期喷洒14%络氨铜水剂300倍液，或50%甲霜铜可湿性粉剂600倍液、50%琥胶肥酸铜（DT）可湿性粉剂500倍液、60%琥·乙膦铝（DTM）可湿性粉剂500倍液等进行防治。

特别提示

此外，在生长期间或收获后应及时清除病叶、病株并深埋，实行深耕。

41 如何识别和防治西瓜花叶病毒病？（视频16）

症状识别 病株呈系统花叶症状。顶部叶片出现浓淡相间的花叶，病叶变得窄小，或皱缩畸形。轻病株尚结瓜，但瓜小，发病重时结瓜少或不结瓜，植株萎缩，茎变短，新生茎蔓纤细扭曲，花器发育不良，难以坐瓜。

发生规律 主要由病毒汁液摩擦接种传播，也可由桃蚜、棉蚜等进行非持久性传毒。与瓜类作物邻作，田间管理粗放，蚜虫发生量大发病重，但也有非蚜传株系。

防治方法 集中育苗，或在田间铺银灰膜避蚜。田间及时治蚜，可选用20%菊·马乳油2000倍液，或25%抗蚜威乳油3000倍液。西瓜田周围400米，最好不种瓜类作物。从无病瓜选留种，并用10%磷酸三钠浸种10分钟，或种子经干热处理。发病初期开始喷洒 20% 病毒 A 可湿性粉剂 500 倍液，或 1.5% 植病灵乳剂 1000 倍液、83% 增抗剂 100 倍液，隔 10 天左右 1 次，连续防治 2～3 次。

42 如何识别和防治埃及列当危害西瓜？

症状识别 埃及列当危害西瓜时，寄生于西瓜的根上，吸取营养。轻的致西瓜生长势减弱，叶色变淡；严重的植株变黄、矮小，造成减产或品质下降，重的成片枯死。

防治方法 用工农 16 型喷雾器装上可插入土壤中的喷头，把 10% 草甘膦铵盐水剂 400 倍液施入瓜根周围。防治适期为列当出土前，即列当发育的第 4～5 阶段。应严格检疫，防止疫区扩大。与自身不受感染的作物轮作。培育抗埃及列当的品种。

43 如何识别和防治西瓜猝倒病？

症状识别 发病初期在幼苗近地面处的茎基部或根茎部，生出黄色至黄褐色水渍状缢缩病斑，致幼苗猝倒。该病在育苗时或直播地块发展很快，一经染病，叶片尚未凋萎，幼苗即猝倒死亡，湿度大时，在病部或其周围的土壤表面生出一层白色棉絮状白霉。

发生规律 病菌以卵孢子在 12～18 厘米表土层越冬，并在土中长期存活。翌春，遇有适宜条件萌发产生孢子囊，以游动孢子或直接长出芽管侵入寄主。该病多发生在土壤潮湿和连阴雨多的地方，与其他根腐病共同危害。

防治方法 育苗时要严格选择营养土。采用快速育苗，加强苗床管理，避免低温、高湿条件出现。出苗后发病的可喷洒 72.2% 普力克水剂 400 倍液或 58% 甲霜灵锰锌可湿性粉剂 800 倍液等进行防治。

特别提示

本病是西瓜幼苗期的主要病害，发生普遍，可造成大片幼苗死亡。尤其在育苗床内受害最为常见。选择营养土时应选用无病的新土、塘土或稻田土，不用带菌的老苗床土、菜园土或庭院土。

44 如何识别和防治西瓜丝核菌立枯病？

症状识别 西瓜出苗期，立枯丝核菌主要侵染根尖及根茎部的皮层，有些植株子叶凋萎，拔出病苗可见茎部生有黄褐色水渍状凹陷斑，有的扩展至环茎一周，呈峰腰状缢缩，病株矮小，坐果少。严重的全株萎蔫或倒伏。

发生规律 以菌丝体或菌核在土中越冬，且可在土中腐生2～3年。菌丝能直接侵入寄主，通过水流、农具传播。病菌发育适温24℃，最高40～42℃，最低13～15℃，适宜pH值3～9.5。播种过密、间苗不及时、温度过高易诱发本病。

防治方法 西瓜种子包衣，用0.3%～0.5%的种衣剂9号或10号进行包衣。施用酵素菌沤制的堆肥或充分腐熟的有机肥。选用抗病品种。用甲基立枯磷乳油或井冈霉素水剂等进行防治。

45 如何识别和防治西瓜镰刀菌根腐病？

症状识别 播种后有的未出土前即在土中烂种烂芽，出土后瓜苗在子叶期出现地上部分萎蔫。拔出病根可见根尖呈黄色或黄褐色腐烂，严重的蔓延至全根，致地上部枯死。

发生规律 以菌丝体、厚垣孢子或菌核在土壤中及病残体上越冬。其厚垣孢子可在土中存活5～6年或长达10年，成为主要侵染源，病菌从根部伤口侵入，后在病部产生分生孢子，借雨水或灌溉水传播蔓延，进行再侵染。低温、高湿利其发病，连作地、低洼地、黏土地或下水头发病重。

防治方法 选用耐湿品种。施用酵素菌沤制的堆肥或充分腐熟有机肥、绿丰生物肥，采用配方施肥技术，减少化肥施用量，培养有益微生物，减少发病。科学确定播种或定植期。有条件的与十字花科、百合科、豆科进行3年以上轮作。采用高畦或起垄栽培，铺地膜，防止大水漫灌，雨后及时排水，苗期发病的要及时松土。发病初期喷洒或浇灌双多悬浮剂600～700倍液或连茬消毒液300倍液等进行防治。

特别提示

西瓜镰刀菌根腐病发病初期喷洒或浇灌双多悬浮剂600～700倍液或连茬消毒液300倍液、60%防霉宝超微可湿性粉剂800倍液、50%苯菌灵可湿性粉剂1500倍液。也可把上述药剂配成药土，撒在茎基部。

46 如何识别和防治西瓜沤根病？

症状识别 发生沤根时，根部不发新根或不定根，根皮发锈后腐烂，子叶和真叶变薄，地上部萎蔫。病苗容易拔起，没有根毛，主根和须根变褐腐烂，地上部叶缘枯焦。严重时，成片干枯，似缺素症。沤根苗不长霉状物。

发生规律 低温高湿或高温高湿均易引起沤根。

防治方法 主要是做好育苗期和露地西瓜苗期的温度、湿度和土壤管理。

特别提示

苗床温度应控制在20~30℃，地温保持16℃以上，注意通风换气，实行小水勤浇，防止苗床湿度过大。加强光照，促进幼苗生长。

47 如何识别和防治西瓜斑点病?

症状识别 多在西瓜生长中后期发生，主要危害叶片。叶斑较小，直径0.2~7毫米，边缘褐色至紫褐色，病斑近圆形或不规则形，灰色至灰褐色，病斑中间有一个白色中心，微具轮纹，外围可见一个黄色晕圈，别于其他叶斑病。

发生规律 以菌丝块或分生孢子在病残体及种子上越冬，第2年产生分生孢子，借气流及雨水传播，从气孔侵入，经7~10天发病后产生新的分生孢子进行再侵染。多雨季节此病易发生和流行。

防治方法 选用无病种子，或用2年以上的陈种播种。种子用50%多菌灵可湿性粉剂500倍液浸种30分钟。实行与非瓜类蔬菜2年以上轮作。发病初期及时喷洒50%混杀硫悬浮剂500~600倍液，或50%多·硫悬浮剂600~700倍液，隔10天左右1次，连续防治2~3次。

特别提示

除以上防治方法，在栽培措施上应选用无病种子，实行与非瓜类蔬菜2年以上轮作。

48 如何识别和防治西瓜叶枯病?

症状识别 该病在西瓜各生育期均有发生。子叶染病，多在叶缘生水渍状小点，后变成淡褐色至褐色、圆形或半圆形水渍状斑，湿度大时扩展到整个子叶后干枯。真叶染病，初在叶背面叶缘或叶脉间，出现明显的水渍状小点，湿度大时致叶片失水青枯，天气晴朗气温高易形成2～3毫米圆形至近圆形褐斑布满叶面，后融合为大斑，病部变薄，形成叶枯。茎蔓染病，产生梭形或椭圆形稍凹陷的褐斑。果实染病，在果实上生有四周稍隆起的圆形褐色凹陷斑，可深入果肉，引起果实腐烂。湿度大时，病部长出灰黑色至黑色霉层。

发生规律 病菌除以菌丝体和分生孢子在病残体上及病组织处越冬外，西瓜种子内、外均可带菌。带菌的种子和土表的病残体是该病主要初侵染源。生长期间病部产生的分生孢子通过风雨传播，进行多次重复再侵染，致田间病害不断扩大蔓延。该菌对温度要求不严格，气温14～36℃、相对湿度高于80%均可发病，田间雨日多、雨量大，相对湿度高于90%易造成此病流行或大发生；风雨利于病菌传播，致该病普遍发生；连作地、偏施或重施氮肥及土壤瘠薄，可使植株抗病力弱而造成发病重。

防治方法 建立无病留种田，选用适宜当地栽培的耐病品种。收获后注意清除病残体，集中深埋或烧毁。采用配方施肥技术，施用酵素菌沤制的堆肥，提高抗病性。科学地确定播种期，对有带菌可能的种子，用75%百菌清可湿性粉剂或50%扑海因可湿性粉剂1000倍液浸种2小时，冲净后催芽播种。加强测报，掌握在发病前未见病斑时开始喷洒50%速克灵可湿性粉剂1500倍液或50%扑海因可湿性粉剂1000倍液、75%百菌清可湿性粉剂600倍液等进行防治。

特别提示

西瓜叶片“起墨屎”，引起早衰，影响西瓜产量和质量，令瓜农十分头疼。这种“起墨屎”现象实际上是西瓜叶枯病，属于近年西瓜上发生日趋严重的一种叶部病害，西瓜各生育期均有发生。

49 如何识别和防治西瓜黑斑病？

症状识别 主要危害叶片。初生水浸状小斑点，分布在叶缘或叶脉间，后扩展为圆形至近圆形暗褐色，边缘稍隆起，病健交界处明显，上具不太明显轮纹，病斑迅速融合为大斑，致叶片枯黄。湿度大时病斑扩展迅速，致全株叶片枯萎。该病茎、蔓不枯萎。果实染病，初生水渍状暗色斑，后扩展成凹陷斑，引起果实腐烂。运输和贮藏期该病可继续扩展。湿度大时，病部长出稀疏的黑色霉层。

发生规律 主要以菌丝体随病残体在土壤中或种子上越冬，翌春，西瓜出苗后，遇适宜温、湿度，借风雨传播即可进行初侵染，后病部又产生分生孢子，通过风雨传播，进行多次重复侵染，致病害不断扩大。

防治方法 建立无病留种田，选用适宜当地栽培的耐病品种。收获后注意清除病残体，集中深埋或烧毁。采用配方施肥技术，施用酵素菌沤制的堆肥，提高抗病性。科学地确定播种期，对有带菌可能的种子，用75%百菌清可湿性粉剂或50%扑海因可湿性粉剂1000倍液浸种2小时，冲净后催芽播种。加强测报，掌握在发病前未见病斑时开始喷洒50%速克灵可湿性粉剂1500倍液或50%扑海因可湿性粉剂1000倍液、75%百菌清可湿性粉剂600倍液等进行防治。

50 如何识别和防治西瓜白粉病？

症状识别 主要危害叶片。发病初期在叶片表面出现白色霉点，扩展后成霉斑，严重时整个叶面布满白色菌丝及孢子，致叶片变黄干枯。有时茎和叶柄上也产生与叶片相似的病斑。白粉菌不易在西瓜上形成子囊壳，但有的年份在病斑上产生黄褐色小粒点，后变黑。

发生规律　病菌可在温室、塑料棚的瓜类作物或病残体上越冬，成为第2年的初侵染源。该病在10～25℃即可发生，湿度大、温度较高时利于其侵入和扩展，尤其是高温干旱与高温高湿条件交替出现，更有利于该病流行。塑料棚或温室栽培西瓜白粉病发生重。

防治方法　选用早熟品种。发病初期喷洒农抗120或武夷菌素水剂100～150倍液，隔7～10天1次，连续防治2～3次，也可在发病初期开始喷洒20%三唑酮(粉锈宁)乳油等进行防治。

特别提示

西瓜白粉病，俗称“白毛病”。由子囊菌亚门单丝壳属或白粉属病原真菌侵染所致。在常年种植西瓜的区域易发生。在幼苗期，影响发育，严重时能致植株枯死；一般在中后期受害较重，使植株早衰，影响产量。应进行土壤消毒，实施轮作种植；加强栽培管理，合理增施磷、钾肥，提高植株的抵抗能力；加强田间管理，及时摘除病叶，集中烧毁，以防病菌传播蔓延。

51　如何识别和防治西瓜褐色腐败病?

症状识别　此病发生在露地栽培的茎、叶和果实上。在茎上产生油渍状暗绿色病斑，并腐烂，受害部位以上枯萎死亡。叶片受害产生不规则形油渍状暗绿色至灰绿色的病斑。幼果和成熟果均可受害，起初产生油渍状暗绿色小圆形病斑，后迅速扩大成暗褐色不规则形的病斑，并腐烂。表面上长有白色绵毛状的霉，产生软腐并具有恶臭味。

发生规律　病菌以卵孢子在土中病残体内越冬。卵孢子通过雨水反溅传播到西瓜茎、叶和果实上，卵孢子萌发直接侵入寄主植物。在西瓜上产生的孢子囊和孢子囊萌发产生的游动孢子，通过气流和雨水传播，并在田间进行再侵染。多雨、潮湿时，发病严重。梅雨季节，排水不良的酸性土壤容易发病和流行。

防治方法 实行与非瓜类作物轮作，间隔年限在4年以上。酸性土壤在种瓜前每亩撒施生石灰100千克，以调节酸碱度。发病初期喷1%的等量式波尔多液，或代森锰锌600～800倍液、50%甲基托布津1000倍液、70%百菌清500～800倍液。每10天1次，共喷2～3次。

特别提示

褐色腐败病由鞭毛菌亚门疫霉属病原真菌侵染所致。为西瓜的重要病害。除危害西瓜外，还可危害茄子、番茄、马铃薯和辣椒等作物。从苗床开始，到定植和收获期均可受害。平时应加强管理，雨后要及时排水。

52 如何识别和防治西瓜菌核病?

症状识别 主要危害茎蔓、叶片和果实。茎基部染病，初生水渍状斑，后扩展成淡褐色，叶片染病，叶面上出现灰色至灰褐色湿腐状大斑，病斑边缘与健部分界不明显，湿度大时斑面上现絮状白霉，终致叶片腐烂。果实染病，初现水浸状斑，扩大后呈湿腐状，其表面出现密生白色棉絮状菌丝体，发病后期病部表面现数量不等的黑色鼠粪状菌核。

发生规律 菌核遗留在土中或混杂在种子中越冬或越夏。混在种子中的菌核，随播种带病种子进入田间传播蔓延，本病对水分要求较高；相对湿度高于85%，温度在15～20℃利于菌核萌发和菌丝生长、侵入及子囊盘产生。因此，低温、湿度大或多雨的早春或晚秋有利于该病发生和流行。连年种植葫芦科、茄科及十字花科蔬菜的田块、排水不良的低洼地、偏施氮肥地或霜害、冻害条件下发病重。

防治方法 有条件的实行与水生作物轮作或夏季把病田灌水浸泡半个月，或收获后及时深翻的方式除病。同时采用配方施肥技术，增强寄主抗病力。棚室上午以闷棚提温为主，下午及时放风排湿，发病后可适当提高夜温以减少结露，棚室或露地出现子囊盘时，采用烟雾或喷雾法防治。

特别提示

该病的农业防治方法为：摘除病、黄、老叶，改善田间通风透光，降低棚内湿度，以抑制传病和流行；应多施基肥，增施磷钾肥，防止植株徒长和增强抗病力等，阴雨天要避免浇水，前期少浇水等均有一定防效。

53 如何识别和防治西瓜根结线虫病?

症状识别 仅发生于根部，以侧根及支根最易感病。根部受害部分产生大小不等的瘤状物或根结，剖视内部，可见病组织中有白色细小梨状雌虫，根瘤或根结部上端往往产生细小新根，以后又被线虫侵入呈根结状肿大。病重株地上部分生长衰弱，矮化，似缺水缺肥状，叶色较淡，不结瓜或少结瓜。

发生规律 以2龄幼虫或当年产的卵留在根结中越冬。第2年环境适宜时，越冬卵孵化为幼虫和越冬幼虫继续发育，多从嫩根部分侵入，刺激寄主细胞增生，形成瘤结，幼虫在其中发育。幼虫3龄以后开始分化，雌虫呈洋梨形，雄虫线形。雄虫交配后离开寄主在土中死亡。中性沙质壤土发病严重。

防治方法 实行2~3年的轮作，或水旱轮作。合理灌水和施肥，对病株有延缓其症状表现和减轻其损失的作用。若苗床有根结线虫，可在播种前2~3周进行土壤消毒，或用克线灵和铁灭克等来处理苗床。

特别提示

西瓜根结线虫病由根结线虫侵染所致。各地均有分布。除危害西瓜和甜瓜外，还可危害黄瓜、冬瓜、丝瓜、番茄、莴苣、菠菜、胡萝卜、白菜及豆科蔬菜等其他作物。侵染作物的根部，刺激根部细胞，引起肿瘤，并使根部腐烂。侵染的同时，造成伤口，导致其他微生物侵入引起其他病害。

54 如何识别和防治西瓜黏菌病？（视频 17）

症状识别 一般发生在生长前期靠近基部的叶片。初在叶片正面形成淡黄色不规则形或近圆形小斑点，病斑发生在叶缘处或沿脉部位，病斑表面粗糙或略凸起，呈疮痂状，大小 1～3 毫米，干燥条件下形成白色硬壳，剥开呈石灰粉状。

发生规律 不明，多发生在潮湿、雨水多或施用未充分腐熟有机肥料的田块。

防治方法 施用充分腐熟的有机肥采用配方施肥技术。雨后及时排水，降低田间湿度。发病初期喷洒 30% 绿得保胶悬剂 400 倍液或 1∶1∶200 倍波尔多液、36% 甲基硫菌灵悬浮剂 500 倍液、50% 苯菌灵可湿性粉剂 1500 倍液。采收前 7 天停止用药。

55 如何识别和防治西瓜绿斑驳花叶病？

症状识别 主要危害叶、果梗及果实。苗期染病新叶上出现不规则形褐色和绿色斑驳，症状较明显。成株染病症状不明显。果梗、果实染病初生褐色斑，剖开病果产生赤褐色油浸状病变，病部腐败发臭，无法食用。

发生规律 种子和土壤传播，遇有适宜的条件即可进行初侵染，种皮上的病毒可传到子叶上，21 天后致幼嫩叶片显症。此外，该病毒很容易通过手、刀子、衣物及病株污染的地块及病毒汁液借风雨或农事操作传播，进行多次再侵染，田间遇有暴风雨，造成植株互相碰撞、枝叶摩擦或锄地时造成的伤根都是侵染的重要途径，田间或棚室高温发病重。

防治方法 选用抗病品种。建立无病留种田，施用无病毒的有机肥，培育壮苗；农事操作应小心从事，及时拔除病株，采种要注意清洁。在常发病地区或田块，对市售的商品种子要进行消毒。农事操作时注意减少植株碰撞，中耕时减少伤根，浇水要适时适量，防止土壤过干。发病初期喷洒 5% 菌毒清可湿性粉剂 300 倍液或 0.5% 抗毒剂 1 号（菇类蛋白多糖）水剂 250～300 倍液等药剂防治。

特别提示

黄瓜栽培中常得此病。最根本的方法是切断第一侵染源，要实行严格检疫，不得引进和出售带毒种子。用过的设施和工具全部要消毒，定植前剔除病株，生育期间定期检测，拔除病株。最有效、最彻底的防治措施就是两年不种葫芦科作物，进行轮作。

56 如何识别和防治西瓜肉质恶变果？

症状识别 果皮内的果肉或种子周围的果肉呈水渍状，像肉质一样，紫红色至黑褐色，严重的种子四周的果肉变紫溃烂，无法食用。

发生规律 通常持续连阴雨后突然转晴或出现叶烧病的植株上容易形成肉质恶变果。西瓜生长后期脱肥或早衰的田块、发生甜瓜花叶病毒、西瓜花叶病毒、烟草环斑病毒侵染的植株易发病。

土壤忽干忽湿或变化剧烈、植株产生生理障碍时发病重。

防治方法 夏、秋高温季节果实应避免阳光暴晒，必要时可用杂草遮挡果实，适时适量浇水。合理施肥防止早衰。及时防治病毒病。不整枝或少整枝。

特别提示

肉质恶变果又称为水托果。发育成熟的西瓜果实，外观上与正常果没有差异，用手拍打时发出“啪、啪”的声音，与熟瓜或生瓜发出的声音有区别，且对面没有震感。将西瓜切开，初期种子周围瓜肉呈水浸状，严重时种子周围细胞崩溃，呈半透明状，果肉变硬，可闻到一股异味，完全丧失食用价值。密宝、京欣1号及新红宝等品种均有发生。

57 瓜蚜如何识别和防治？（视频18）

形态识别 无翅胎生雌蚜体长1.5～1.9毫米，夏季黄绿色，春、秋墨绿色。触角第3节无感觉圈，第5节有1个，第6节膨大部有3～4个。体表被薄蜡粉。尾片两侧各具毛3根。

发生规律 华北地区年发生10余代，长江流域20～30代，以卵在越冬寄主上或以成蚜、若蚜在温室内蔬菜上越冬或继续繁殖。春季气温达6℃以上开始活动，在越冬寄主上繁殖2～3代后，于4月底产生有翅蚜迁飞到露地蔬菜上繁殖危害，直至秋末冬初又产生有翅蚜迁入保护地，可产生雄蚜与雌蚜交配产卵越冬。

防治方法 可采用灭杀毙6000倍液、40%氰戊菊酯6000倍液、20%灭扫利乳油2000倍液等药剂防治，喷洒时应注意使喷嘴对准叶背，将药液尽可能喷射到瓜蚜体上。保护地可选用杀蚜烟剂，用暗火点燃，冒烟后密闭3小时，杀蚜效果在90%以上。

特别提示

瓜蚜即棉蚜，又称腻虫，属同翅目、蚜科。为世界性大害虫。从北纬60°到南纬40°均有分布，国内各省(自治区、直辖市)都有发生。瓜蚜的寄主很多，据文献记载，寄主植物达74科、285种。其越冬寄主(第一寄主)有木槿、花椒、石榴、鼠李等木本植物，和夏枯草、紫花地丁、苦荬菜等草本植物。越夏寄主(第二寄主)有棉花、瓜类、茄科、豆科、菊科、十字花科等植物。

58 如何识别和防治温室白粉虱？(视频19)

形态识别 成虫体长1～1.5毫米，淡黄色。翅面覆盖白蜡粉，停息时双翅在体上合成屋脊状如蛾类，翅端半圆状遮住整个腹部，翅脉简单，沿翅外缘有一排小颗粒。卵长约0.2毫米，侧面观长椭圆形，基部有卵柄，柄长0.02毫米，从叶背的气孔插入植物组织中。初产淡绿色，覆有蜡粉，而后渐变褐色，孵化前呈黑色。

发生规律 在北方，温室一年可发生10余代，以各虫态在温室越冬并继续危害。成虫羽化后1～3天可交配产卵，也可进行孤雌生殖，其后代为雄性。粉虱繁殖的适温为18～21℃，在生产温室条件下，约1个月完成一代。冬季温室作物上的白粉虱，是露地春季蔬菜上的虫源，通过温室开窗通风或菜苗向露地移植而使粉虱迁入露地。

防治方法 对白粉虱的防治，应以农业防治为主，加强蔬菜作物的栽培管理，培育“无虫苗”，辅以合理使用化学农药，积极开展生物防治和物理防治。

特别提示

温室白粉虱俗称小白蛾子，属同翅目、粉虱科。原为北方温室中的一种害虫，是近几年来随着温室大棚等保护设施的发展而产生的。白粉虱的寄主非常多，繁殖能力强、速度快，世代重叠，种群数量庞大，相聚危害，抗药性强，尤其对黄瓜、番茄危害重，造成减产和降低质量，一般减产可达 20% ~ 30%，直接影响经济收入。

59 如何识别和防治黄足黄(黑)守瓜?(视频 20)

形态识别 成虫体长 8 ~9 毫米，橘黄(黑)色。前胸背板中央有 1 条弯曲横沟，鞘翅上分布许多细密刻点。卵淡黄色，近球形，表面网纹状。幼虫体长 12 毫米左右，淡黄白色，头部灰褐色。各节上有不显著的肉瘤，尾端臀板腹面有肉质突起，上生微毛。裸蛹，体长约 9 毫米，乳白色。幼虫在土中危害作物根部，成虫啃食叶片、嫩茎和花器及果实，贴近地面的幼瓜，被幼虫蛀食后引起腐烂。

发生规律 北方 1 年发生 1 代，南方 2 ~3 代。以成虫在向阳的杂草、落叶或土隙中越冬。第 2 年春暖后开始活动，先取食菜叶或果树，后转而危害瓜类。成虫耐热性强，白天活动，稍有假死性。卵多产在葫芦科植物根的附近，幼虫孵化后取食根及地面的茎和幼果。老熟幼虫在被害瓜附近作土室化蛹。

防治方法 清晨露水未干时人工捕捉，在瓜田内分散插些树枝，招引成虫集中枝上捕杀。在瓜田根部附近覆一层麦壳、谷糠，防止成虫产卵，减少幼虫危害。用 90% 晶体敌百虫 800 倍液，加少量碱面提高防治效果，或根部灌 2000 倍液，杀死幼虫。

特别提示

黄守瓜，又称瓜萤，幼虫称白蛆。除危害西瓜、甜瓜外，还危害黄瓜、南瓜、十字花科、茄科、豆科等植物。

60 如何识别和防治瓜绢螟?

又名瓜螟、瓜野螟。

形态识别 成虫体长11毫米，翅展25毫米，头、胸黑色，腹部白色，但第1、7、8节黑色，末端具黄褐色毛丛。前、后翅白色透明，略带紫色，前翅前缘和外缘、后翅外缘呈黑色宽带。卵扁平，椭圆形，淡黄色，表面有网纹。末龄幼虫体长23～26毫米，头部、前胸背板淡褐色，胸腹部草绿色，亚背线呈两条较宽的乳白色纵带，气门黑色。蛹长约14毫米，深褐色，头部光整尖瘦，翅端达第6腹节。外被薄茧。

发生规律 在广东年发生6代，以老熟幼虫或蛹在枯叶或表土越冬，第2年4月底羽化，5月幼虫危害。11月后进入越冬期。成虫夜间活动，稍有趋光性，雌蛾产卵于叶背。幼虫3龄后卷叶取食，蛹化于卷叶或落叶中。

防治方法 及时清理瓜地，消灭藏匿于枯藤落叶中的虫蛹；在幼虫发生初期，及时摘除卷叶，以消灭部分幼虫；幼虫盛发期，可选用灭杀毙8000倍液、20%氰戊菊酯3000倍液、40%乐果乳剂1000倍液等进行防治。

特别提示

瓜绢螟又称瓜螟、瓜野螟，主要危害丝瓜、苦瓜、节瓜、黄瓜、甜瓜、冬瓜、西瓜、番茄、茄子等。幼龄幼虫在叶背啃食叶肉，呈灰白斑，3龄后吐丝将叶或嫩梢缀合，匿居其中取食，使叶片穿孔或缺刻，严重时仅留叶脉。幼虫常蛀入瓜内，影响产量和质量。

61 如何识别和防治葫芦夜蛾?

形态识别 成虫体长15~20毫米，翅展31~40毫米；头部及胸部灰褐色；腹部淡褐黄色；前翅褐灰色。前缘区基部、中室后段及端区有金色，前缘区中段有褐色细纹；基线达1脉；内线双线褐色，在中室后内斜；环纹具灰边；肾纹窄，褐色，具灰边；外线双线褐色，微曲内斜；内线与外线间在2脉后带较浓褐色；亚端线波曲，中段外方褐色较浓。后翅褐灰色。幼虫体长25~30毫米，绿色，背线、亚背线、气门线黄白色，体型前端细小，后端粗大，第1、2对腹足退化；体表具许多刺状突起。

发生规律 在广东年发生5~7代，以老熟幼虫在草丛中越冬。全年以8月发生较多。成虫有趋光性，卵散产于叶背。初龄幼虫食叶呈小孔，3龄后在近叶基1/4将叶片咬成一弧圈，使叶片干枯。老熟幼虫在叶背吐丝结薄茧化蛹。

防治方法 零星发生，不单独采取防治措施。

62 如何识别和防治瓜实蝇?

形态识别 成虫体长8毫米，翅展16毫米，体形似蜂，黄褐色；前胸左右及中、后胸有黄色的纵带纹；翅膜质透明，杂有暗褐色斑纹；腹背第4节以后，有黑色的纵带纹。卵细长形，长约0.8毫米，一端稍尖，乳白色。老熟幼虫体长10毫米，蛆状，乳白色。蛹长约5毫米，圆筒形，黄褐色。

发生规律 在广州一年发生8代，世代重叠，以成虫在杂草、蕉树越冬。第2年4月开始活动，以5~6月危害重。成虫白天活动，夏天中午高温烈日时，静伏于瓜棚或叶背，对糖、酒、醋及芳香物质有趋性，雌虫产卵于嫩瓜内，幼虫孵化后即在瓜内取食，老熟幼虫在瓜落前或瓜落后弹跳落地，钻入表土层化蛹。

防治方法 毒饵诱杀成虫。及时摘除被害瓜，喷药处理烂瓜、落瓜并要深埋。保护幼瓜。在成虫盛发期，选中午或傍晚喷洒灭杀毙6000倍液、50%敌敌畏乳油1000倍液、2.5%溴氰菊酯3000倍液等均有效。

特别提示

瓜实蝇又名黄瓜实蝇、瓜小实蝇、瓜大实蝇、“针蜂”、瓜蛆。将幼瓜套袋或用草覆盖，避免成虫产卵。

63 如何识别和防治棕榈蓟马？

又名瓜蓟马、棕黄蓟马。

形态识别 成虫体长1毫米，金黄色，头近方形，复眼稍突出，单眼3只，红色，排成三角形，单眼间鬃位于单眼三角形连线外缘，触角7节，翅两对，周围有细长的缘毛，腹部扁长。卵长0.2毫米，长椭圆形，淡黄色。若虫黄白色，3龄，复眼红色。

发生规律 在广西年发生17～18代，在广东年发生20多代，成虫多在嫩梢或幼瓜的毛丛中取食，少数在叶背危害。卵散产于叶肉组织内。若虫到3龄末期停止取食，落入表土“化蛹”。此虫发育适温为15～32℃，2℃仍能生存，但骤然降温易死亡。土壤含水量在8%～18%时，“化蛹”和羽化率都高。

防治方法 用营养土方育苗，适时栽植；瓜苗出土后，用薄膜覆盖代替禾草覆盖；清除田间附近野生茄科植物。当每株虫口达3～5头时，即应喷药防治，如25%喹硫磷乳油、50%乙酰甲胺磷乳剂或75%乐果乳剂1000倍液等均有效，但要连用2～3次才能收到稳定明显的效果。

64 如何识别和防治红脊长蝽？

又名黑斑红长蝽。

形态识别 成虫体长8～11毫米，长椭圆形，头、触角和足黑色，体赤黄色；前胸背板后缘中部稍向前凹入，纵脊两侧各有一个近方形的大黑斑；小盾片三角形，黑色；前翅爪片除基部和端部赤黄色外基本上为黑色，革片和缘片的中域有一黑斑，膜质部黑色，基部近小盾片末端处有一枚白斑，其前缘和外缘白色。卵长约0.9毫米，长卵形；初产乳黄色，渐变赭黄色；卵壳上有许多细纵纹。

发生规律 在江西南昌1年2代，以成虫在石块下、土穴中或树洞里成团越冬。第2年4月中旬开始活动，5月上旬交尾。成虫怕强光，以上午10时前和下午17时后取食较盛。卵成堆产于土缝里、石块下或根际附近的土表中。

防治方法 冬耕和清理菜地，消灭部分越冬成虫；人工摘除卵块；药剂防治，可用灭杀毙(21%增效氰·马乳油)4000～6000倍液、2.5%溴氰菊酯3000倍液、50%辛·氰乳油3000倍液等进行防治。

特别提示

红脊长蝽主要危害瓜类蔬菜。虫态有成虫、卵、若虫，以成虫、若虫刺吸植物汁液危害。成虫和幼虫群集于嫩茎、嫩瓜、嫩叶等部位，刺吸汁液，刺吸处呈褐色斑点，严重时导致枯萎。成虫怕强光，以上午10点前和下午5点后取食较盛。

65 如何识别和防治朱砂叶螨?

又名棉红蜘蛛、红叶螨。

形态识别 雌螨体长0.48毫米，包括喙0.55毫米，体宽0.33毫米。椭圆形，锈红色或深红色，肤纹突三角形至半圆形。雄螨体长(包括喙)0.36毫米，宽0.2毫米。阳具端锤较小，背缘突起，两角皆尖，长度约相等。

发生规律　年发生10～20代，越冬虫态及场所随地区而不同。第2年气温达10℃以上，即开始大量繁殖。3～4月先在杂草或其他寄主上取食，4月下旬至5月上中旬迁入瓜田，先是点片发生，而后扩散全田。成螨羽化后即交配，第2天即可产卵，多产于叶背。朱砂叶螨发育起点温度为7.7～8.8℃，最适温度为29～31℃，最适相对湿度为35%～55%，因此高温低湿的6～8月份危害重，尤其干旱年份易于大发生。

防治方法　铲除田边杂草，清除残株败叶，可消灭部分虫源和早春寄主。天气干旱时，注意灌溉。当前对朱砂叶螨有特效的是仿生农药农克螨，1.8%乳油2000倍液效果极好，持效期长，并且无药害。

特别提示

是一种广泛分布于世界温带的农林大害虫，在我国各地均有发生。可危害的植物有32科113种，其中蔬菜18种，主要有茄、辣椒、西瓜、豆类、葱和苋菜。

66 如何识别和防治黄蓟马?

形态识别　雌虫体长1.0～1.1毫米，全体黄色。头宽大于长，短于前胸；触角7节，第3、4节有叉状感觉锥。前胸背板中部约有28根鬃，前翅前缘鬃约26根；中胸腹板内叉骨有长刺，后胸无刺。腹部背板第5～8节两侧有微弯梳，第8节后缘梳完整，梳毛细而排列均匀；第2节两侧缘各有纵排鬃4根。腹板无附属鬃。

发生规律　在广西年发生17～18代，在广东年发生20多代，成虫多在嫩梢或幼瓜的毛丛中取食，少数在叶背危害。卵散产于叶肉组织内。若虫到3龄末期停止取食，落入表土“化蛹”。此虫发育适温为15～32℃，2℃仍能生存，但骤然降温易死亡。土壤含水量在8%～18%时，“化蛹”和羽化率都高。

防治方法 用营养土方育苗，适时栽植；瓜苗出土后，用薄膜覆盖代替禾草覆盖；清除田间附近野生茄科植物。当每株虫口达3～5头时，即应喷药防治，如25%喹硫磷乳油、50%乙酰甲胺磷乳剂或75%乐果乳剂1000倍液等均有效，但要连用2～3次才能收到稳定明显的效果。

特别提示

黄蓟马又名菜田黄蓟马、棉蓟马、忍冬蓟马、瓜亮蓟马、节瓜亮蓟马。危害对象：瓜类蔬菜作物以及葱、油菜、百合、甘薯、玉米、棉花、紫云英、豆类等。

67 如何识别和防治丝大蓟马？

形态识别 雌成虫体长1.4～1.5毫米。体暗褐色，触角第3节黄色，其余节暗褐色，跗节黄色。前翅淡灰色，中央具一宽的暗褐色带，顶端暗褐色。触角第8节长为第7节长的2倍以下。单眼间鬃长，位于三角形连线外缘。前胸、背板、前角各具1根长鬃，后角各具2根长鬃。前翅上脉基中部具11～14根鬃，端鬃2根，下脉鬃12～13根。前足胫节顶端内侧有刺。腹部2～8背板近前缘有一稍宽的黑色横纹，第5～8背板两侧无微弯梳，第8背板两侧气孔附近有少量微毛，后缘梳不完整。

发生规律 年生10多代，热带地区年生20多代，在温室可常年发生。以成虫在枯枝落叶下越冬。第2年3月初开始活动危害。雌成虫产卵于花瓣或花蕊的表皮下，有时半埋在表皮下。成、若虫取食时，用口器锉碎植物表面吸取汁液，但只能在植物的幼嫩部位锉吸。该蓟马食性很杂，在不同植物间常可相互转移危害。高温干旱利于此虫大发生，多雨季节发生少。借风常可将蓟马吹入异地。

防治方法 铲除田间杂草，消灭越冬寄主上的虫源。利用营养钵育苗，采用地膜覆盖。使用遮阳网可减少受害。气候干旱时，采用浇跑马水的方法灌溉。抓住花期药剂防治。首选40%七星宝乳油600~800倍液或20%好年冬乳油600~800倍液等进行防治。注意保护和利用天敌。

特别提示

由于蓟马系六小害虫，把卵产在植株组织里，对杀虫剂易产生抗性，防治较困难。生产上应从铲除杂草、消灭越冬寄主上的虫源入手，避免蓟马向瓜上转移。

68 如何识别和防治色蓟马？

又名日本蓟马。

形态识别 雌成虫体长1.1~1.2毫米，体橙黄色，腹部背板中央灰褐色，末2节黑褐色，连成一暗纵带。单眼间鬃短，位于单眼三角形连线上。触角7节，第1至3节及4、5节基部黄色，余灰褐色，第3、4节各具叉状感觉锥。前胸前角具1对短鬃，后角有2对等长的粗鬃。前翅灰色，基部淡；上脉基鬃4+3根，端鬃3根，下脉鬃12根。腹部第2~8节生暗棕色前脊带，第5至8节两侧有微弯梳，第8节后缘梳完整，第2至8节腹板有6对附鬃。雄虫体色、形态大致与雌虫相似，但较小。触角第4至7节全部灰褐色。第9背板后缘1侧对鬃很长，其余鬃小。第3至7节腹板前中部有近似哑铃形腺域。

发生规律 年生10多代，热带地区年生20多代，在温室可常年发生。以成虫在枯枝落叶下越冬。第 2 年 3 月初开始活动危害。雌成虫产卵于花瓣或花蕊的表皮下，有时半埋在表皮下。成、若虫取食时，用口器锉碎植物表面吸取汁液，但只能在植物的幼嫩部位锉吸。该蓟马食性很杂，在不同植物间常可相互转移危害。高温干旱利于此虫大发生，多雨季节发生少。借风常可将蓟马吹入异地。

防治方法 保护原有天敌，引进外来天敌。田间用银灰膜覆盖，对蓟马、蚜虫均有忌避作用。用蓝色的黏虫带悬于作物间，具预测的作用，又能大量诱捕，减少成虫数量。加强田间管理，注意虫口数量变化，生长点出现 1 ~3 头时，首选 40% 七星宝乳油 600 ~800 倍，隔 5 ~7 天 1 次，连续防治 3 ~4 次。此外还可选用 25% 喹硫磷乳油或 50% 乙酰甲胺磷乳剂、50% 辛硫磷乳油 1 500 倍液等，隔 7 ~10 天 1 次，连续防治 2 ~3 次。

69 如何识别和防治黄胸蓟马?

又名夏威夷蓟马。

形态识别 雌成虫体长 1.2 毫米。胸部橙黄色，腹部黑褐色。雄虫黄色，体较雌虫略小。卵淡黄色，肾形，细小。若虫体型与成虫相似，但体较小，色淡褐，无翅，眼较退化，触角节数较小。

发生规律 年生 10 多代，热带地区年生 20 多代，在温室可常年发生。以成虫在枯枝落叶下越冬。第 2 年 3 月初开始活动危害。雌成虫产卵于花瓣或花蕊的表皮下，有时半埋在表皮下。成、若虫取食时，用口器锉碎植物表面吸取汁液，但只能在植物的幼嫩部位锉吸。该蓟马食性很杂，在不同植物间常可相互转移危害。高温干旱利于此虫大发生，多雨季节发生少。借风常可将蓟马吹入异地。

防治方法 保护原有天敌，引进外来天敌。田间用银灰膜覆盖，对蓟马、蚜虫均有忌避作用。用蓝色的黏虫带悬于作物间，具预测的作用，又能大量诱捕，减少成虫数量。加强田间管理，注意虫口数量变化，生长点出现1~3头时，首选40%七星宝乳油600~800倍，隔5~7天1次，连续防治3~4次。此外还可选用25%喹硫磷乳油或50%乙酰甲胺磷乳剂、50%辛硫磷乳油1500倍液等，隔7~10天1次，连续防治2~3次。

特别提示

还可用蓝色的粘虫带悬于作物间，具预测的作用，又能大量诱捕，减少成虫数量。

70 如何识别和防治黑足黑守瓜？

又名黑胫黑守瓜。

形态识别 成虫体长5.5~7毫米，宽3.2~4毫米。全身极光亮；头部、前胸节和腹部橙黄至橙红色，上唇、鞘翅、中胸和后胸腹板、侧板以及各足均为黑色，触角熏烟色，基部两节或末端数节有时色泽较淡，小盾片栗色或栗黑色，鞘翅具较强光泽。小盾片狭三角形。鞘翅两侧在基部后明显膨宽，基部略隆，翅面上具密细刻点。雌成虫末节腹板端部波状凹缘，雄成虫末节腹板中央纵长方形。

发生规律 成虫白天交尾，产卵在土面缝隙中，幼虫危害根部。黑足黑守瓜越冬成虫一般出现较晚，喜在丝瓜、苦瓜上活动，其生活习性与黄守瓜相似。

防治方法 提早播种。在成虫产卵期单用或混用草木灰、石灰粉、锯末或2%巴丹粉剂，撒在瓜根附近土面或瓜叶上，防止成虫产卵和危害。瓜苗移栽前后至5片真叶前及时喷洒50%巴丹可溶性粉剂1000倍液或10%吡虫啉可湿性粉剂1500倍液等。防治幼虫危害根部可用50%辛硫磷乳油1500倍液灌根。采收前5~

7 天停止用药。

特别提示

黑足黑守瓜属鞘翅目，叶甲科。分布在陕西、山东、江苏、河北、黑龙江、甘肃等地。成虫取食瓜叶、茎、花及瓜条，幼虫食害瓜苗根部，严重时造成全株死亡。

71 如何识别和防治瓜褐蝽？

又名九香虫、黑兜虫、臭屁虫。

形态识别 成虫体长 16.5 ~ 19 毫米，宽 9 ~ 10.5 毫米，长卵形，紫黑或黑褐色，稍有铜色光泽，密布刻点，头部边缘略上翘，侧叶长于中叶，并在中叶前方汇合，触角 5 节。前胸背板及小盾片上有近于平行的不规则横皱。侧接缘及腹部腹面侧缘区各节黄黑相间，但黄色部常狭于黑色部分。足紫黑或黑褐色。卵长 1.24 ~ 1.27 毫米，宽 0.95 ~ 1.18 毫米，似腰鼓形，初产时天蓝色，后变暗绿，近孵化时土黄色。卵表面密被白绒毛。

发生规律 该虫在河南省信阳以南，江西以北年发生 1 代，广东、广西年发生 3 代。以成虫在土块、石块下或杂草、枯枝落叶下越冬。发生一代的地区 4 月下旬至 5 月中旬开始活动。随之迁飞到瓜类幼苗上危害，尤以 5、6 月间危害最盛。发生 3 代的地区，3 月底越冬成虫开始活动。

防治方法 于傍晚把用尿浸泡过的稻草插在瓜地里，成虫闻到尿味就会集中在草把上，第 2 天早晨集中草把深埋或烧毁。必要时喷洒 50% 乙酰甲胺磷乳油 1000 倍液或 25% 杀虫双水剂 400 倍液、2.5% 溴氰菊酯乳油 2000 ~ 2500 倍液。采收前 5 ~ 7 天停止用药。

72 如何识别和防治细角瓜蝽?

又名锯齿蝽。

形态识别 成虫体长 12 ~ 14.6 毫米，宽 6.0 ~ 7.7 毫米，体长椭圆形黑褐色，常有铜色光泽，头部边缘略卷曲；触角 4 节，圆柱形；前胸背板表面凹凸不平，前角具弯长刺；小盾片表面粗糙，具微纵脊，基角处凹陷，黑色具闪光，基部中间具 1 个小黄点，足腿节腹面具刺，胫节外侧有浅沟。腹侧缘具相同的大锯齿。卵长 1 毫米，初乳白色，后变粉红色；若虫体长 12 毫米，灰褐色，翅芽中间具灰绿色斑，斑上生红色小点，腹两侧有 7 个向外突的灰白色梨形斑。

发生规律 江西、河南年发生 1 代，广东年发生 3 代，以成虫在枯枝丛中、草屋的杉皮下、石块、土缝等处越冬。第 2 年 5 月，越冬成虫开始活动。成、若虫性喜荫蔽，多在寄主兜部至 3 米高处的瓜蔓、卷须基部、腋芽处危害，低龄若虫有群集性，喜栖息在茎蔓内，成虫把卵产在蔓基下、卷须上，个别产在叶背。

防治方法 利用蝽象的群集性和假死性，振落地上，集中杀灭。人工摘除卵块。喷洒 50% 乙酰甲胺磷乳油 1000 倍液或 10% 吡虫啉可湿性粉剂 1500 倍液、25% 喹硫磷乳油 1500 倍液等进行防治。

73 如何识别和防治显尾瓜实蝇?

形态识别 雌成蝇体长约 9.7 毫米，黄褐色，斑纹深褐色，翅透明，翅端具 1 黑斑，腹末有长产卵器；足浅黄色，各胫节端、附节以下各节黑色；雄虫体长约 5 毫米。前翅中脉无暗褐色斑。卵乳白色，一端稍尖。幼虫体长约 11 毫米，浅黄色，气孔褐色。

发生规律 年约发生 8 代，以末龄幼虫和蛹在表土中越冬，第 2 年气温升高后羽化为成虫，成虫把卵产在瓜的表皮内，被产卵处略凹陷，着卵瓜发育不良或产生畸形，初孵幼虫钻入瓜内取食，有的从伤口处流出汁液或果实腐烂，幼瓜受害容易脱落，幼虫善跳，末龄幼虫跳至地表入土后化蛹。

防治方法 在成虫发生期用糖1份，10%多来宝胶悬剂1份，加适量水后制成毒饵，滴在厚吸水纸上，挂在瓜田或瓜棚架杆上，诱杀成虫。摘除受害果，减少幼虫食饵，销毁受害瓜，注意田间卫生，收获后及时拔除残株，集中深埋或烧毁。用加保扶颗粒剂处理土壤，杀死土中幼虫。成蝇盛发时，喷洒50%蝇蛆净粉剂2000倍液或50%马拉硫磷乳油2000倍液等。采收前7天停止用药。

特别提示

瓜实蝇又叫显尾瓜实蝇、瓜蜂。幼虫叫瓜蛆，这种属实蝇科的害虫对苦瓜、西瓜、杧果等果蔬危害很大，严重影响农作物的增产和农民的增收。成年瓜实蝇飞到果实上啄食果肉，刺伤幼果使其坐不成果，并潜入果实产下一窝窝幼虫（瓜蛆）寄生在果肉里。受害果实初期局部变黄，后期全果腐败变臭，危害轻的刺伤处流胶，畸形下陷，俗称"歪嘴、缩骨"，造成果实品质下降。

74 如何识别和防治南亚寡鬃实蝇？

又名南瓜实蝇、黄蜂子。

形态识别 成虫雌体长12.0～13.0毫米，雄体长9～10毫米。体黄褐色，头部颜面、额、口器、触角浅黄色，颜面近口器两侧各具1个黑斑，刚羽化成虫复眼有金属光泽，后变成红褐色。肩胛、中胸背侧片、中侧片的大部分和小盾片鲜黄色；前盾片中央具一红褐色纵纹，两侧纵纹黄褐色；盾片两侧和中央各具3条黄纵纹。卵乳白色，长0.8～1.2毫米，一头尖，一头钝。初龄幼虫乳白色。老熟幼虫发黄，体长10～11毫米，前端尖，后端圆。

发生规律 重庆年发生3～4代，以蛹在土中越冬，第2年4～5月开始危害。成虫多在表皮尚未硬化的幼瓜基部或其他部位产卵，幼虫在果实中成长，通过人为传播，把含有卵或幼虫的果实传播到其他地方。

防治方法 认真实施检疫制度，控制其扩散蔓延。成虫发生期，在田间设置盛有0.1%水解蛋白的诱集盆，盆内加入0.1%敌百虫诱杀成虫。在成虫发生期喷洒50%辛硫磷乳油1500倍液或4%鱼藤精600倍液等进行防治。

75 如何识别和防治苹斑芫菁?

形态识别 成虫体长11～23毫米，宽3.6～7.0毫米，体、足黑色，并被黑色长竖毛，鞘翅浅黄至棕黄色，具黑斑。头略呈方形，后角圆；表面密布刻点，中央具2个红色小圆斑。触角11节，短，末端5节膨大呈棒状。前胸背板长略大于宽，两侧平行，前端1/3处向前束窄，表面具密小黑粒点，盘区中间和后缘之前各具1圆凹洼，鞘翅有细皱纹，基部长有稀疏的黑长毛；在近基部1/4处生黑圆斑1对，中部、端部1/4处各具1横斑，有时端部横斑分裂成2个斑。

发生规律 北方年发生1代，南方年发生2代。以前蛹期在土中越冬，北方第2年5月中旬羽化，7月中旬为盛发期。成虫有二次交尾现象，交尾后一周产卵。

防治方法 一般不需单独防治。

76 如何识别和防治南瓜斜斑天牛?

形态识别 成虫体长9～10毫米，宽约3毫米，黑褐色，体被黄褐色细毛。触角和足带红褐色。前胸背板具4个小白斑，排列成“+”字形，后方的呈短柱形。卵长椭圆形，大小0.1~0.2毫米，初产时乳白色，近孵化时浅黑色。幼虫乳黄色，体长10~11毫米，宽2.8~3.2毫米。初孵时乳白色，稍扁，渐长成近圆筒形。上颚黑色，头褐色。前胸背板端部中线两侧区各具一浅褐色大斑。各体节两侧疏生褐色刚毛，臀板及肛门四周刚毛褐色、簇生。足退化。各体节背、腹两面隆突成移动器，其上具较粗短的乳突。

发生规律 年发生几代，以老熟或成长幼虫越冬。越冬幼虫在枯藤内于第2年4月陆续化蛹和羽化，蛹期约10~14天。5月中旬开始产卵，产卵期长达两个多月。8月下旬至9月中旬，初孵幼虫危害，此后进入越冬。成虫羽化后，啃食瓜株幼嫩组织和花及幼瓜。

防治方法 注意田间清洁，冬前彻底清除田间残藤，烧却积肥。6~7月间，加强检查，发现瓜株有新鲜虫粪排挂，用注射器注入内吸性杀虫剂毒杀幼虫。5月份用50%巴丹可溶性粉剂1000倍液或低毒菊酯类杀虫剂喷雾防治成虫，喷雾时应避开瓜花，以防杀害蜜蜂。

特别提示

南瓜斜斑天牛又名四斑南瓜天牛、瓜藤天牛、钻茎虫。防治时要定期检查，特别要注意田间清洁。

77 如何识别和防治黄瓜天牛？

黄瓜天牛又名瓜藤天牛、南瓜天牛、牛角虫、蛀藤虫。

形态识别 成虫体长10.5~12毫米，宽约4毫米，雄虫稍小。红褐色，湿度大时有些个体呈浅黑褐色，体被灰黄色茸毛，腹面、腿和胫节上疏布由黑色和灰色茸毛嵌成的豹纹。卵与南瓜斜斑天牛无明显区别。幼虫体长 12 ~ 13 毫米，宽 2 ~ 2.5 毫米，近圆筒形，乳黄色。上颚黑色，头褐色，前胸背板前沿两侧区隐现浅的褐色大斑。各节体背两侧和腹末节生长刚毛。气门圆形，褐色。体节背、腹部上的皱突移动器上的乳状突小而密，呈扁环状排列。蛹长 10.5 ~ 11.5 毫米，宽 3 ~ 3.5 毫米。初乳白色，渐变为乳黄至黄褐色。

发生规律 年发生 1 ~ 3 代，以幼虫或蛹在枯藤内越冬。第 2 年 4 月初越冬幼虫化蛹，羽化为成虫后迁移至瓜类幼苗上产卵，初孵幼虫即蛀入瓜藤内危害。幼虫初孵化横居藤内，蛀食皮层。藤条被害后轻者折断、腐烂或落瓜，严重的全株枯萎。

防治方法 注意田间清洁，冬前彻底清除田间残藤，烧却积肥。6 ~ 7 月间，加强检查，发现瓜株有新鲜虫粪排挂，用注射器注入内吸性杀虫剂毒杀幼虫。5 月份用 50% 巴丹可溶性粉剂 1000 倍液或低毒菊酯类杀虫剂喷雾防治成虫，喷雾时应避开瓜花，以防杀害蜜蜂。

78 如何识别和防治康氏粉蚧?

形态识别 成虫雌体长 5 毫米，宽 3 毫米左右，椭圆形，淡粉红色，被较厚的白色蜡粉，体缘具 17 对白色蜡刺。触角丝状 7 ~ 8 节，末节最长，眼半球形。足细长。雄体长 1.1 毫米，翅展 2 毫米左右，紫褐色，触角和胸背中央色淡。前翅发达透明，后翅退化为平衡棒。尾毛长。卵椭圆形，长 0.3 ~ 0.4 毫米，浅橙黄被白色蜡粉。

发生规律 年发生 3 代，以卵在各种缝隙及土石缝处越冬，少数以若虫和受精雌成虫越冬。寄主萌动发芽时开始活动，卵开始孵化分散危害。此虫可随时活动转移危害。

防治方法 注意保护和引放天敌。初期点片发生时，人工刷抹有虫茎蔓。在若虫分散转移期分泌蜡粉形成介壳之前喷洒2.5%敌杀死或功夫乳油或20%灭扫利乳油等进行防治。

特别提示

康氏粉蚧又名桑粉蚧、梨粉蚧、李粉蚧。主要寄生在金橘、刺槐、樟树、佛手瓜、苹果、梨、桃、李、杏、山楂、葡萄、君子兰、麒麟掌、竹节万年青、常春藤、茉莉、糖槭等。若虫和雌成虫刺吸芽、叶、果实、枝叶及根部的汁液，嫩枝和根部受害常肿胀且易纵裂而枯死。幼果受害多成畸形果。排泄蜜露常引起煤病发生，影响光合作用。

79 如何识别和防治瓜蔓颀沟饰冠小蠹?

形态识别 成虫体长1.6～1.7毫米，宽0.28～0.32毫米，黑褐色，微具光泽，全身多毛。头隐于前胸背板之下。上颚和复眼黑色。前胸背板风帽状，后端近中部隆起，前半部较陡斜；背板表面粗糙，全布鳞状齿瘤，齿瘤由四周向顶部隆起处渐细，呈弧状列生；背板前缘边上生一横列大的齿突，足茶褐色，前足胫节外缘端半部具8枚粗壮的齿状刺。鞘翅从后端2/3处向腹部收缩成弧面。

发生规律 贵州年发生3～4代，以成虫及少量老熟幼虫在瓜蔓内越冬。第2年3月成虫交尾，选择新的枯藤筑虫坑并产卵，在其中完成两个世代。7～9月，新一代成虫迁到生长弱、处于生命后期的濒死瓜株上危害，直至越冬。

防治方法 加强栽培管理，使瓜蔓生长健壮，延缓衰枯期。彻底清除瓜田内及附近残留的枯蔓，减少越冬虫源。

80 如何识别和防治侧多食跗线螨?

又名茶黄螨、茶嫩叶螨、白蜘蛛、阔体螨等。

形态识别 雌螨长约0.21毫米，椭圆形，较宽阔，腹部末端平截，淡黄色至橙黄色，表皮薄而透明。雄螨长约0.19毫米。卵椭圆状，无色透明，表面具纵列瘤状突起。幼螨体背有一白色纵带，足3对，腹末端有1对刚毛。

发生规律 在热带及温室条件下，全年都可发生，但冬季繁殖能力较低。冬季主要在温室内越冬，少数雌成螨可在冬作物或杂草根部越冬。卵散产于嫩叶背面、幼果凹处或幼芽上，对茶黄螨发育繁殖的最适温度为16～23℃，相对湿度为80%～90%。卵和幼螨对湿度要求高，只有在相对湿度80%以上才能发育，因此温暖多湿的环境有利于茶黄螨的发生。

防治方法 保护地要合理安排茬口，及时铲除棚室四周及棚内杂草，避免人为带入虫源。前茬茄果类、瓜类收获后要及时清除枯枝，落叶深埋或沤肥。加强虫情检查，在茶黄螨发生初期进行防治。一般应掌握在初花期第一片叶子受害时开始用药，对茶黄螨有效的杀虫剂有40%抗螨23乳油500倍液或73%克螨特乳油1000倍液。隔10～14天1次，连续防治2～3次。采收前7天停止用药。

特别提示

侧多食跗线螨又称茶黄螨和嫩叶螨，属真螨目、跗线螨科。被害植物有70种左右，常见的被害园林植物有山茶、茉莉、印度橡皮树、银杏、合欢等。

81 如何识别和防治美洲斑潜蝇?

又名蔬菜斑潜蝇、蛇形斑潜蝇、甘蓝斑潜蝇等。

形态识别 成虫小，体长1.3～2.3毫米，浅灰黑色，胸背板亮黑色，体腹面黄色，雌虫体比雄虫大。卵米色，半透明，幼虫蛆状，初无色，后变为浅橙黄色至橙黄色，长3毫米，后气门突呈圆锥状突起，顶端三分叉，各具1开口，蛹椭圆形，橙黄色，腹面稍扁平。

发生规律 成虫以产卵器刺伤叶片，吸食汁液，雌虫把卵产在部分伤孔表皮下，卵经2～5天孵化，幼虫期4～7天，末龄幼虫咬破叶表皮在叶外或土表下化蛹，蛹经7～14天羽化为成虫，每世代夏季2～4周，冬季6～8周。世代短，繁殖能力强。

防治方法 严格检疫，防止该虫扩大蔓延。加强农业防治，在斑潜蝇危害重的地区，要考虑蔬菜布局，把斑潜蝇嗜好的瓜类、茄果类、豆类与其不危害的作物进行套种，适当疏植，增加田间通透性；及时清洁田园，把被斑潜蝇危害作物的残体集中深埋、沤肥或烧毁。喷洒98%巴丹原粉1500～2000倍液或1.8%爱福丁乳油3000～4000倍液、48%乐斯本乳油800～1000倍液等进行防治。

特别提示

美洲斑潜蝇抗药性发展迅速，具有抗性水平高的特点，给防治带来很大困难，因此已引起各地普遍重视。

7

袖珍西瓜的采收

西瓜处于采收期，瓜农一般都只注重忙于销售，而忽视保证西瓜的品质，作为进城零售，生瓜、半生不熟的瓜为销售中争吵的焦点。如果采收的西瓜成熟不够，尽管运销的过程中西瓜产生后熟，但品质却大受影响，品质不好的西瓜势必严重地损坏生产者的形象，不利于来年的销售。瓜的品质主要衡量标准是其甜度，因此如何增加西瓜的甜度便成为西瓜采收的关键。

82 如何增加袖珍西瓜的甜度？

瓜的品质主要用甜度来衡量。甜度决定于含糖量，既有品种间的差异，也与土质、施肥、水分与二氧化碳含量有关。相同品种在不同的栽培条件下甜度差异也较大。氮、磷、钾三要素合理调节，注意钾肥和有机肥的施用，水分适宜，光照充足，二氧化碳达到需要的浓度，西瓜的甜度就高。另外采收适期品质才佳。

有时用测糖仪测量含糖量很高，可吃起来却不感觉很甜，原因是所含糖的种类不同所致。西瓜由果糖、葡萄糖、蔗糖组成，其中以果糖最甜，其次为蔗糖，葡萄糖较差。如果果糖的含量较低，即使测定糖度较高也不显得很甜。

除了常规的栽培管理外，使用西瓜“增甜剂”可使西瓜增加甜度。采用“ESD 增甜剂”，可使西瓜增加甜度 0.6～1.7 度，使用浓度为 800～1000 毫克/升，采收前 2～4 周在叶面喷施，每亩用量 100～150 克。也可用 50 千克水，加 30 克硼砂、1 千克蔗糖、5 克氯化钙溶解后，每亩喷 25～40 千克，可增甜 1～2 度。“增甜灵”在开花期喷施和坐果期喷施，有增加产量、提高甜度的效果。使用时应按产品说明书进行。

特别提示

甜度决定于含糖量，既有品种间的差异，也与土质、施肥、水分与二氧化碳含量有关。果的成熟度与含糖量关系很大，采收过早，糖分未能充分积累固然不甜，过熟的西瓜蔗糖含量增加，果糖和葡萄糖的含量下降也不甜。

83 西瓜如何催熟?

西瓜果实体内有生长素和乙烯等内源激素，乙烯的增长受到生长素的颉颃，生长素越多，乙烯的形成越少，在果实膨大期生长素最多。果实进入成熟期，生长素逐渐减少，乙烯的含量逐渐增加，乙烯形成越早，成熟越快。果实充分长足，放在 1∶ 2 000 的乙烯环境中，能加速成熟过程。利用乙烯利处理，果实表皮由绿转黄、皮薄，果肉色深，糖度增加 1.5%～2.5%，种子发育也快。

乙烯利处理必须在西瓜已经长足、尚未成熟时进行。一般在谢花后 20～25 天处理，常用的方法有喷果法和浸果法。喷果法在田间进行，用 250～500 毫克/升喷果实，注意不要喷在茎叶上，可提早成熟 5 天左右。喷时加入少量洗衣粉增加黏着力。浸果法是把果实放在乙烯利溶液中浸泡 3～5 分钟，处理 3 天左右果实品质最佳，5 ~6 天过熟。

特别提示

西瓜果实是否进行催熟，应根据销售情况和是否短期贮藏来决定。

84 西瓜的成熟度如何鉴别？（视频 21）

鉴定西瓜成熟度可用以下 4 种方法：

计算开花后的天数 不同品种从雌花开放到果实成熟需多少天大体有个标准，但是温度、光照等条件有一定的影响，一般早熟品种从开花到果实成熟需要积温 700 ~800℃，在水肥条件适宜、生长正常的情况，到了该品种应成熟的天数，即可采收。

观察植株和果实的性状表现 达到成熟度的果实，果皮坚硬、光滑而有光泽，呈现本品种固有的成熟皮色，脐部和果蒂部位略有收缩，果柄刚毛稀疏不显，果实前面 1 ~2 节卷须枯萎是成熟的标志。但是卷须因植株长势而有变化，长势旺盛的植株，果实已成熟，卷须不一定枯萎，而长势弱的植株，有时卷须已经干枯而果实尚未成熟，必须结合其他特征综合观察。

指弹 用指弹果皮发出“嘭嘭”的浊音，是已经成熟的表现，未熟的果实是“噔噔”的实音。如果发音“卟卟”说明已经过熟了。用一手托起果实，另一手轻拍，感到微微颤动为已经成熟。但是有些品种的西瓜成熟后弹敲仍为实音，应区别对待。

水漂 大盆装水，把西瓜放在水中，由于成熟的瓜体轻，未熟瓜漂不起来，九成熟的瓜漂露水面超过 1/4，如果超过 1/3 就是已经过熟。

特别提示

西瓜是生理成熟的果实作为水果食用的，果实成熟的标志是果肉和种子呈现了本品种特有的颜色，种皮变硬，果肉甜而多汁。果实的成熟度是衡量西瓜商品品质的依据。采收早了，果实成熟度不够，甜味差，食用价值低；采收晚了，西瓜已经过熟，果肉细胞解体，组织绵软，发生糖心或空心，不但重量降低，食用价值也很差。所以掌握最佳采收期关键是鉴定成熟度。

85 西瓜有哪些采收方法？（视频 22）

西瓜的采收需要根据销售和运输情况来决定采收成熟度。当地销售，采收后当天投放市场，必须达到十成熟采收，品质最好，能得到消费者欢迎。销往外地的西瓜，经长途运输，到销地后经过批发、零售环节，还需要短期存放，需要在 8～9 成熟时采收。采收西瓜要用剪刀带果柄剪下或用刀割下，以利通过果柄来鉴别西瓜的新鲜程度。还可延长存放时间。当地销售每个西瓜上带一段瓜蔓和叶片，更能显得新鲜美观。

西瓜采收最好在早晨或傍晚进行。特别是运往外地的西瓜，更要避免中午高温时采收，因为高温时采收的瓜温度高，内部呼吸作用强烈，运输途中容易发生变质软腐。

特别提示

采收和搬运中应轻拿轻放，防止破裂损失。尤其果皮脆薄的品种，成熟度越高越应注意。

参考文献

高祝平，王德芹，于德忠．如何防治西瓜肉质恶变果[J]．天津农林科技，2007，(02)

张鹏 等编．小型西瓜/袖珍果蔬优质丰产栽培丛书．北京：科学技术文献出版社，2006.

张祥林．袖珍西瓜栽培技术[J]．青海农技推广，2005，(02)

林易，陆露．袖珍西瓜价高难种 掌握诀窍高产高效[J]．四川农业科技，2004，(01)

邵宇．袖珍西瓜栽培技术要点[J]．耕作与栽培，2000，(06)

林易，陆露．袖珍西瓜价高难种 掌握诀窍丰产高效[J]．农家参谋，2005，(01)

田一凡．西瓜新品种——无籽袖珍西瓜[J]．世界热带农业信息，2005，(01)

赵淑清，惠丽，薛振亚．袖珍西瓜栽培技术[J]．新农业，2002，(04)

崔华，宋立彦．袖珍西瓜高效栽培技术[J]．农村科技开发，2003，(02)

良娟，文美．袖珍西瓜高产栽培[J]．农业科技通讯，2007，(04)

贾良娟，周文美．袖珍西瓜的栽培与管理[J]．农家致富，2006，(22)

郑师伟，陈玲春，黄建凤．袖珍西瓜长城金凤特征特性与栽培技术[J]．福建农业，2004，(09)

吴岳源，虞忠辉．明年西瓜怎么种？[J]．江苏农村经济，2002，(09)

赵凤兰，柴沼忠．西瓜套种油葵效益好[J]．北京农业，2005，(04)

“农民致富关键技术问答丛书”(配 VCD 光盘)

1	《优质梨无公害生产关键技术问答》	定价 15 元
2	《优质板栗无公害生产关键技术问答》	定价 15 元
3	《优质草莓无公害生产关键技术问答》	定价 15 元
4	《袖珍西瓜高效益生产关键技术问答》	定价 12 元
5	《甜瓜高效益生产关键技术问答》	定价 15 元
6	《优质苹果无公害生产关键技术问答》	定价 15 元
7	《设施葡萄无公害栽培关键技术问答》	定价 20 元
8	《优质桃无公害生产关键技术问答》	定价 18 元
9	《优质葡萄无公害生产关键技术问答》	定价 18 元
10	《优质鲜枣无公害生产关键技术问答》	定价 18 元
11	《杏扁高产稳产关键技术问答》	定价 6 元
12	《优质李无公害生产关键技术问答》	定价 10 元
13	《优质柿子无公害生产关键技术问答》	定价 15 元
14	《果树苗圃综合经营问答》	定价 15 元
15	《果园综合经营问答》	定价 15 元
16	《棚室樱桃无公害生产关键技术问答》	定价 7 元
17	《优质核桃无公害生产关键技术问答》	定价 15 元
18	《木耳高效益生产关键技术问答》	定价 10 元
19	《香菇高效益生产关键技术问答》	定价 15 元
20	《金针菇高效益生产关键技术》	定价 10 元
21	《草菇高效益生产关键技术问答》	定价 7 元
22	《杏鲍菇高效益生产关键技术问答》	定价 10 元
23	《白灵菇高效益生产关键技术问答》	定价 10 元
24	《双孢蘑菇高效益生产关键技术问答》	定价 15 元
25	《平菇高效益生产关键技术问答》	定价 10 元
26	《黄瓜亩产万元关键技术问答》	定价 15 元
27	《花菜、绿菜花亩产 5000 元关键技术问答》	定价 15 元
28	《南瓜亩产万元关键技术问答》	定价 15 元
29	《西葫芦亩产万元关键技术问答》	定价 15 元
30	《冬瓜丝瓜苦瓜瓠子亩产万元关键技术问答》	定价 15 元
31	《番茄亩产万元关键技术问答》	定价 15 元
32	《辣椒亩产万元关键技术问答》	定价 15 元

33	《棚室茄子亩产万元关键技术问答》	定价 15 元
34	《甘蓝亩产 5000 元关键技术问答》	定价 15 元
35	《生姜高产关键技术问答》	定价 15 元
36	《芦笋无公害生产关键技术问答》	定价 10 元
37	《南美白对虾高效益养殖关键技术问答》	定价 15 元
38	《无公害河虾高效益养殖关键技术问答》	定价 15 元
39	《林蛙高效益养殖关键技术问答》	定价 10 元
40	《无公害养蜂及蜂产品生产关键技术问答》	定价 15 元
41	《快速养猪关键技术问答》	定价 10 元
42	《猪病诊断和防治关键技术问答》	定价 12 元
43	《肉牛快速养殖关键技术问答》	定价 15 元
44	《奶牛无公害高产养殖关键技术问答》	定价 15 元
45	《优质肉羊快速养殖关键技术问答》	定价 10 元
46	《肉兔快速养殖关键技术问答》	定价 12 元
47	《毛用兔高效益养殖关键技术问答》	定价 12 元
48	《獭兔高效益养殖关键技术问答》	定价 12 元
49	《肉鸡高效益养殖关键技术问答 》	定价 15 元
50	《蛋鸡年产 280 枚蛋养殖关键技术问答》	定价 10 元
51	《土鸡高效益养殖关键技术问答》	定价 10 元
52	《鸡病诊断和防治关键技术问答》	定价 10 元
53	《优质肉鸭高效益养殖关键技术问答》	定价 15 元
54	《蛋鸭 500 日龄产 300 枚蛋养殖关键技术问答》	定价 10 元
55	《番鸭快速养殖关键技术问答》	定价 10 元
56	《鸭病诊断和防治关键技术问答》	定价 12 元
57	《鹅高效益养殖关键技术问答》	定价 15 元
58	《鹌鹑快速养殖关键技术问答 》	定价 10 元
59	《甲鱼高效益养殖关键技术问答》	定价 9 元
60	《河蟹高效益养殖关键技术问答》	定价 15 元
61	《池塘高效益养鱼关键技术问答》	定价 12 元
62	《棚室建造与管理知识问答》	定价 12 元
63	《农家观光园高效益经营知识问答》	定价 6 元
64	《棚室蔬菜病虫害防治关键技术问答》	定价 15 元
65	《农药科学使用知识问答》	定价 10 元